高等职业教育校企合作"互联网+"创新型教材

运动控制技术

主编　倪志莲　严春平
参编　宋耀华　吴至钧

U0193456

机 械 工 业 出 版 社

本书面向工程应用，采用了以 FX_{3U} PLC、E700 系列变频器、MR-J3 系列伺服驱动器为核心组成的各种不同类型的运动控制系统，从简到繁，从理论到实践，介绍了运动控制的基本概念、变频调速控制系统、步进及伺服控制系统的组成、驱动器参数设置及使用、PLC 编程及应用等相关内容。

本书是在运动控制技术课程教学改革基础上，经过多年学做一体教学实施的积累下编写的。本书内容简明、结构严谨、案例丰富、实践性强，适合作为高职电气自动化技术、机电一体化技术、工业机器人技术及智能控制技术相关专业运动控制课程教材，也适合从事运动控制技术的工程技术人员自学及培训使用。

为方便教学，本书配有电子课件等，凡选用本书作为授课教材的老师，均可来电（010-88379375）索取或者登录 www.cmpedu.com 注册下载。

图书在版编目（CIP）数据

运动控制技术 / 倪志莲，严春平主编 . —北京：机械工业出版社，2022.2（2023.6 重印）

高等职业教育校企合作"互联网＋"创新型教材

ISBN 978-7-111-69851-7

Ⅰ．①运⋯　Ⅱ．①倪⋯ ②严⋯　Ⅲ．①运动控制 – 高等职业教育 – 教材　Ⅳ．① TP24

中国版本图书馆 CIP 数据核字（2021）第 253221 号

机械工业出版社（北京市百万庄大街 22 号　邮政编码 100037）
策划编辑：王宗锋　　　　责任编辑：王宗锋
责任校对：肖　琳　王明欣　封面设计：马精明
责任印制：邮　敏

北京联兴盛业印刷股份有限公司印刷

2023 年 6 月第 1 版第 4 次印刷

184mm×260mm・13.75 印张・337 千字

标准书号：ISBN 978-7-111-69851-7

定价：46.00 元

电话服务　　　　　　　　网络服务

客服电话：010-88361066　机　工　官　网：www.cmpbook.com
　　　　　010-88379833　机　工　官　博：weibo.com/cmp1952
　　　　　010-68326294　金　书　网：www.golden-book.com
封底无防伪标均为盗版　机工教育服务网：www.cmpedu.com

前　言

运动控制（Motion Control）是自动化的一个分支，它与过程控制（Process Control）一起构成了自动化应用的两个重要方向。运动控制就是对机械运动部件的位置、速度等进行实时的控制管理，使其按照预期的运动轨迹和规定的运动参数进行运动。随着机器制造业的产业升级，大量以运动控制为核心的机器设备在各个行业的应用飞速发展，例如，数控机床、胶印设备、绕线机、玻璃加工机械和包装机械等，这就对高职电气自动化技术、机电一体化技术等专业学生在运动控制方面的技术及技能提出了更高的要求。

本书的内容编排分三部分：第一部分的重点是介绍三菱 FX 系列 PLC 及三菱 GOT1000 触摸屏的使用方法，由"第 1 章　三菱 FX_{3U} 系列 PLC"和"第 2 章　三菱 GOT1000 触摸屏及应用"构成，主要是以三菱 FX_{3U} 系列 PLC 为例，同时结合触摸屏，介绍了 PLC 控制器硬件接线及常用指令，为后续使用触摸屏与 PLC 构成运动控制系统打下基础；第二部分的重点是介绍三种常用的运动控制系统，由"第 3 章　运动控制基础知识""第 4 章　三相异步电动机的变频调速""第 5 章　步进电动机控制系统"及"第 6 章　伺服电动机控制系统"构成，主要介绍了运动控制的基本概念，交流变频调速控制系统的多段速及模拟量控制的调速方案，由步进电动机及伺服电动机构成的定位控制系统的速度及位置控制方案；第三部分的重点是速度控制及定位控制的工程案例，由"第 7 章　综合应用"构成，读者可在第二部分完成后，结合平版印刷机、自动灌装机、自动剪板机、攻丝机实际项目学习运动控制系统集成的方法。

为贯彻党的二十大精神，加强教材建设，推进教育数字化，编者在动态修订时，对本书内容进行了全面梳理，配套了相应的视频资源（可扫二维码观看）。

本书由倪志莲、严春平担任主编，宋耀华、吴至钧参加编写。吴至钧编写了第 1、2 章，倪志莲编写了第 3、4 章并对全书进行统稿，宋耀华编写了第 5、6 章，严春平编写了第 7 章。在编写过程中查阅了网上论坛的相关文章，参考及引用了国内外许多专家、学者及工程技术人员最新出版的著作、教材及三菱自动化公司的产品使用手册等资料，编者在此一并表示感谢。

由于编者水平有限，书中难免存在不足及错误，希望广大读者能够给予批评、指正，编者将不胜感谢。

编　者

二维码索引

序号	名称	图形	页码	序号	名称	图形	页码
1	三菱 PLC 基本单元		1	9	条件跳转指令 CJ		17
2	三菱 PLC 的 I/O 接线		5	10	子程序调用及返回指令		18
3	位逻辑指令		11	11	算术运算指令		19
4	三菱 PLC 的定时器		13	12	传送指令 MOV		20
5	通用型定时器		13	13	顺序功能图		26
6	累积型定时器		14	14	顺控图编程		27
7	定时器仿真调试案例		14	15	三菱触摸屏简介		39
8	应用指令格式说明		16	16	GT1155 触摸屏硬件介绍		40

（续）

目　录

第 1 章

三菱 FX₃ᵤ 系列 PLC

主要知识点及学习要求

1）了解 FX₃ᵤ 系列 PLC 的型号含义，能完成硬件接线。
2）掌握 PLC 的基本指令及编程方法。
3）掌握 PLC 的常用应用指令及编程方法。
4）掌握顺序控制方法及 SFC 编程。

1.1 三菱 FX₃ᵤ 系列 PLC 的硬件及接线

1.1.1 三菱 FX₃ᵤ 系列 PLC 的基本单元

三菱 FX 系列 PLC 是小型系列产品，目前主要有 FX₃ᵤ、FX₂ₙ、FX₁ₙ、FX₁ₛ 等系列，如图 1-1 所示。这类机型具有结构紧凑、扩展模块及特殊功能模块丰富、性价比高、使用方便简单等特点。FX 系列 PLC 的基本性能见表 1-1。

a) FX₁ₛ系列

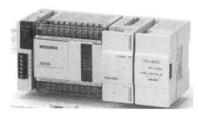

b) FX₁ₙ系列

c) FX₂ₙ系列

图 1-1 FX 系列 PLC

三菱 PLC
基本单元

d) FX₃ᵤ系列

图 1-1　FX 系列 PLC（续）

表 1-1　FX 系列 PLC 的基本性能

性能	型号			
	FX₁ₛ	FX₁ₙ	FX₂ₙ	FX₃ᵤ
最大 I/O 点数	30	128	256	384
基本 / 步进 / 功能指令条数	27/2/85	27/2/89	27/2/132	27/2/209
执行速度 / (μs/ 步)	0.55 ～ 0.7	0.55 ～ 0.7	0.08	0.065
程序容量 / 步	2000	8000	16000	64000
数据寄存器 / 点	256	8000	8000	8000
文件寄存器 / 点	1500	7000	7000	32768
定时 / 计数器 / 点	64/32	256/235	256/235	512/235
辅助继电器 / 点	512	1536	3072	7680
高速计数器（最高）/kHz	60	60	60	100

三菱 FX₃ᵤ 系列 PLC 基本单元的型号由字母和数字组成，其格式如图 1-2 所示。

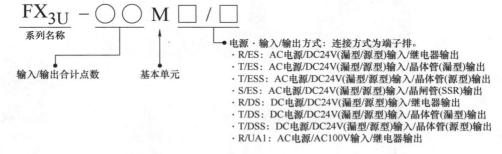

图 1-2　FX₃ᵤ 系列产品型号含义

其中输入 / 输出合计点数为 8 ～ 128；"□ / □"中斜杠前面的字母表示输出方式：R-继电器输出，T- 晶体管输出，S- 晶闸管输出；斜杠后面的字母表示电源类型及源、漏型区别，第一个字母为"E"表示 AC 220V 电源，为"D"表示 DC 24V 电源；第一个字母后面的字母为"SS"表示晶体管源型输出。例如，FX₃ᵤ–48MR 表示为 FX₃ᵤ 系列基本模块，I/O 总点数为 48 点，该模块为基本单元，采用继电器输出。

FX$_{3U}$ 系列 PLC 的面板由三部分组成，即外部接线端子、指示部分和接口部分，如图 1-3 所示。各部分的组成及功能如下。

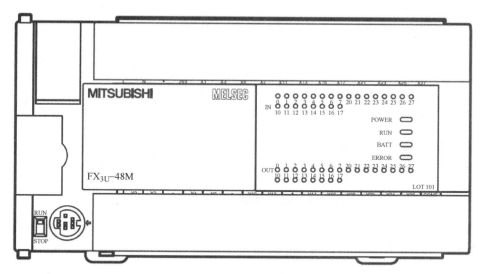

图 1-3　FX$_{3U}$ 系列 PLC 面板图

1）外部接线端子。外部接线端子包括输入接线端子和输出接线端子。它们位于机器两侧可拆卸的端子板上，每个端子均有对应的编号，主要用于电源、输入信号和输出信号的连接。

2）指示部分。指示部分包括各输入/输出点的状态指示、机器电源指示（POWER）、机器运行状态指示（RUN）、用户程序存储器后备电池指示（BATT）和程序错误或 CPU 错误指示（ERROR）等，用于反映 I/O 点和机器的状态，见表 1-2。

表 1-2　FX$_{3U}$ 系列 PLC 指示灯说明

指示灯图示	指示灯	指示灯的状态与 PLC 当前运行的状态
POWER ⬭ RUN ⬭ BATT ⬭ ERROR ⬭	POWER：电源指示灯（绿灯）	PLC 接通电源后，该灯点亮
	RUN：运行指示灯（绿灯）	当 PLC 处于正常运行状态时，该灯点亮
	BATT：内部锂电池电压低指示灯（红灯）	如果该指示灯点亮，说明锂电池电压不足，应更换电池
	ERROR：程序出错指示灯（红灯）	如果该指示灯闪烁，说明程序错误，若为常亮，说明 CPU 出错

机器面板上还设置了一个 PLC 运行模式转换开关 SW（RUN/STOP），RUN 使机器处于运行状态（RUN 指示灯亮）；STOP 使机器处于停止运行状态（RUN 指示灯灭）。当机器处于 STOP 状态时，可进行用户程序的录入、编辑和修改。

3）接口部分。接口的作用是完成基本单元同编程器、外部存储器、扩展单元和特殊功能模块的连接。

通信线与 PLC 连接时，务必注意通信线接口内的"针"与 PLC 上的接口正确对应后才可将通信线接口用力插入 PLC 的通信接口，避免损坏接口。

FX_{3U} 系列 PLC 的基本单元见表 1-3。

表 1-3　FX_{3U} 系列 PLC 的基本单元

输入 / 输出点数	AC 电源 DC 输入漏型、源型通用		
	继电器输出	晶体管输出（漏型）	晶体管输出（源型）
8/8	FX$_{3U}$–16MR–ES	FX$_{3U}$–16MT–ES	FX$_{3U}$–16MT–ESS
16/16	FX$_{3U}$–32MR–ES	FX$_{3U}$–32MT–ES	FX$_{3U}$–32MT–ESS
24/24	FX$_{3U}$–48MR–ES	FX$_{3U}$–48MT–ES	FX$_{3U}$–48MT–ESS
32/32	FX$_{3U}$–64MR–ES	FX$_{3U}$–64MT–ES	FX$_{3U}$–64MT–ESS
40/40	FX$_{3U}$–80MR–ES	FX$_{3U}$–80MT–ES	FX$_{3U}$–80MT–ESS

1.1.2　三菱 FX_{3U} 系列 PLC 的扩展单元和扩展模块

扩展单元和扩展模块是用于扩展输入 / 输出点数的系列产品，型号含义如图 1-4、图 1-5 所示，选型可参见表 1-4 和表 1-5。

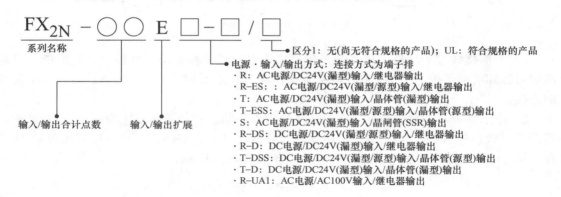

图 1-4　输入 / 输出扩展单元型号含义

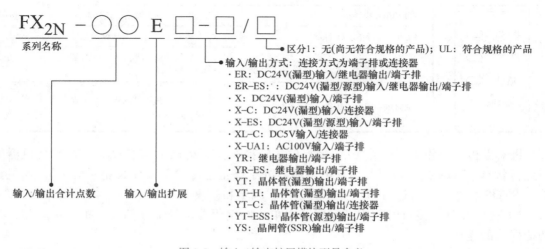

图 1-5　输入 / 输出扩展模块型号含义

表 1-4　FX3U 系列 PLC 的扩展单元

输入方式	输入 / 输出点数	输出方式		
		继电器输出	晶闸管输出	晶体管输出
AC 电源 /DC 漏型、源型输入通用型	16/16	FX2N-32ER-ES/UL	—	FX2N-32ET-ESS/UL
	24/24	FX2N-48ER-ES/UL	—	FX2N-48ET-ESS/UL
AC 电源 /DC 漏型输入专用型	16/16	FX2N-32ER	FX2N-32ES	FX2N-32ET
	24/24	FX2N-48ER		FX2N-48ET
AC 电源 /AC110V 输入专用型	24/24	FX2N-48ER-UA1/UL		
DC 电源 /DC 漏型、源型输入通用型	24/24	FX2N-48ER-DS		FX2N-48ET-DSS
DC 电源 /DC 漏型输入专用型	24/24	FX2N-48ER-D		FX2N-48ET-D

表 1-5　FX3U 系列 PLC 的扩展模块

扩展类型	输入 /输出点数	输入方式			输出方式			
		DC24V	DC5V	AC100V	继电器输出	晶体管输出（漏型）	晶体管输出（源型）	晶闸管
输入 /输出	4/4	—	—	—	FX2N-8ER-ES/UL　FX2N-8ER	—	—	—
输入	8/0	FX2N-8EX-ES/UL　FX2N-8EX	—	FX2N-8EX-UA1/UL		—	—	—
	16/0	FX2N-16EX-ES/UL　FX2N-16EX　FX2N-16EX-C	FX2N-16EXL-C		—	—	—	—
输出	0/8	—	—	—	FX2N-8EYR-ES/UL　FX2N-8EYR-S-ES/UL　FX2N-8EYR	FX2N-8EYT　FX2N-8EYT-H	FX2N-8EYT-ESS/UL	—
	0/16	—	—	—	FX2N-16EYR-ES/UL　FX2N-16EYR	FX2N-16YET　FX2N-16YET-C	FX2N-16EYT-ESS/UL	FX2N-16EYS

　　除扩展单元和扩展模块外，FX3U 系列产品还提供特殊功能单元 / 模块，可实现模拟量控制、高速计数、通信及显示等功能，用户可根据需要进行选择。

1.1.3　三菱 FX3U 系列 PLC 的 I/O 接线

　　以 FX3U-32MR/ES 为例，其外部输入 / 输出接线端子如图 1-6 所示。

三菱 PLC 的
I/O 接线

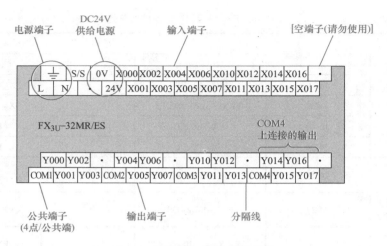

图 1-6　外部输入 / 输出接线端子

输入接线端子包括 PLC 外部电源输入端子 L、N，输入信号用直流电源 24V、0V 端子，输入端子 X000、X001 等。PLC 外部电源输入端子 L、N 用于输入外接 220V 交流电源；输入信号用直流电源 24V、0V 端子用于为外部设备提供 24V 直流电源，多用于三端传感器；输入端子 X000、X001 等将外部信号引入 PLC；带有"•"符号的端子表示该端子未被使用，不具功能。

输出接线端子由输出端子 Y000、Y001 等和公共端子 COM1、COM2 等组成。在负载使用不同电压类型和等级时，Y000～Y003 共用 COM1，Y004～Y007 共用 COM2，Y010～Y013 共用 COM3，Y014～Y017 共用 COM4。对于共用一个公共端子的同一组输出，必须用同一电压类型和同一电压等级，但不同的公共端子组可使用不同的电压类型和电压等级。在负载使用相同电压类型和等级时，可将 COM1、COM2、COM3、COM4 用导线短接起来。

PLC 的输入接线如图 1-7 所示。直流输入有漏型和源型两种形式，接线方法略有区别。采用漏型接线时，将公共端 S/S 与 24V 直流电源正极相连，将 24V 直流电源负极作为外部输入信号的公共端。如果采用源型接线，则公共端 S/S 与 24V 直流电源负极相连，将 24V 直流电源正极作为外部输入信号的公共端。

PLC 的输出接线如图 1-8 所示。

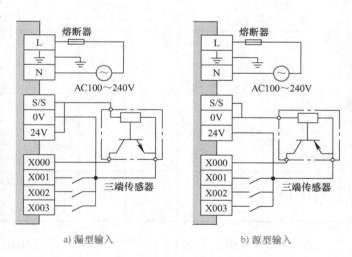

图 1-7　外部输入接线图

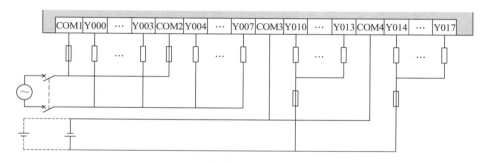

图 1-8　外部输出（继电器）接线图

若输出形式不是继电器输出，而是晶体管输出时，有两种接线方式：漏型和源型。接线图可参照图 1-9。

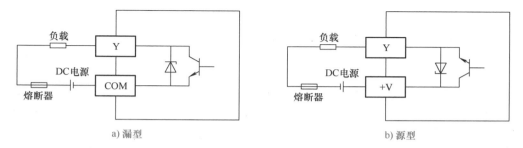

图 1-9　外部输出（晶体管）接线图

1.2　三菱 FX$_{3U}$ 系列 PLC 的基本指令

1.2.1　三菱 FX$_{3U}$ 系列常用编程元件及数据结构

1. 编程元件

在 FX$_{3U}$ 系列 PLC 中主要元件（软元件）表示如下：X 表示输入继电器、Y 表示输出继电器、T 表示定时器、C 表示计数器、M 表示辅助继电器，S 表示状态元件，D、V、Z 表示数据寄存器。为了编程方便，还必须给每一个元件进行一定的编号。只有输入继电器、输出继电器编号采用八进制数码；其他的辅助继电器、定时器、计数器等均采用十进制数码。在编制用户程序时，必须按规定元件的功能及编号进行编制。各编程元件一览表见表 1-6。以下对常用软元件做简要介绍。

（1）输入继电器（X）　输入继电器与输入端相连，是专门用来接受 PLC 外部开关信号的元件。PLC 通过输入接口将外部输入信号状态（接通时为 "1"，断开时为 "0"）读入并存储在输入映象寄存器中。输入继电器必须由外部信号驱动，不能用程序驱动，所以在程序中不可能出现其线圈。由于输入继电器（X）为输入映象寄存器中的状态，所以其触点的使用次数不限。它们一般位于机器的上端。

FX$_{3U}$ 系列 PLC 的输入继电器以八进制进行编号，如 X000 ～ X007、X010 ～ X017、X020 ～ X027，输入电路的时间常数一般小于 10ms。

表 1-6 FX$_{3U}$ 系列 PLC 软元件一览表

输入 继电器 X	X000 ～ X367 248 点					编址为 8 进制 输入 / 输出合计 256 点
输出 继电器 Y	Y000 ～ Y367 248 点					
辅助 继电器 M	M0 ～ M499 500 点 通用（可变）	M500 ～ M1023 524 点 保持用（可变）		M1024 ～ M7679 6656 点 保持用（固定）		M8000 ～ M8511 512 点 特殊用
状态 S	S0 ～ S499 500 点通用 初始化（一般用 [可变]） 一般用（可变） S0 ～ S9 S10 ～ S499		S500 ～ S899 400 点 保持用 [可变]	S900 ～ S999 100 点 信号报警器用		S1000 ～ S4095 3096 点 保持用 [固定]
定时器 T	T0 ～ T191 192 点 100ms	T192 ～ T199 8 点 100ms（子程序、中断子程序用）	T200 ～ T245 46 点 10ms	T246 ～ T249 4 点 1ms 累计型	T250 ～ T255 6 点 100ms 累计型	T256 ～ T511 256 点 1ms
计数器 C	16 位加计数		加 / 减计数	32 位高速可逆计数器		
	C0 ～ C99 100 点 一般用	C100 ～ C199 100 点 保持用	C200 ～ C219 20 点 一般用	C220 ～ C234 15 点 保持用	C235 ～ C245 1 相 1 输入 C246 ～ C250 1 相 2 输入	C251 ～ C255 2 相 2 输入
数据寄存器 D，V，Z	D0 ～ D199 200 点 16 位一般用	D200 ～ D511 312 点 16 位保持用	D512 ～ D7999 7488 点 文件寄存器	D8000 ～ D8511 512 点 16 位特殊用	V0 ～ V7，Z0 ～ Z7 16 点 16 位变址用	
嵌套 指针	N0 ～ N7 8 点 主控用	P0 ～ P4095 4096 点 跳转，子程序用	I0 □□～ I5 □□ 6 点 输入中断	I6 □□～ I8 □□ 3 点 定时器中断	I010 ～ I060 6 点 计数器中断	
常数	10 进制 K	16 位：–32,768 ～ 32,767		32 位：–2,147,483,648 ～ 2,147,483,647		
	16 进制 H	16 位：0 ～ FFFFH		32 位：0 ～ FFFFFFFFH		
	实数 E	32 位：$-1.0 \times 2^{128} \sim -1.0 \times 2^{-126}$，0，$1.0 \times 2^{-126} \sim 1.0 \times 2^{128}$ 可以用小数点和指数形式表示				

（2）输出继电器（Y） PLC 的输出端子是向外部负载输出信号的窗口。输出继电器的线圈由程序控制，输出继电器的外部输出主触点接到 PLC 的输出端子上供外部负载使用，其余常开 / 常闭触点供内部程序使用。输出继电器的常开 / 常闭触点使用次数不限。输出电路的时间常数是固定的。各基本单元都是八进制输出，如 Y000 ～ Y007、Y010 ～ Y017、Y020 ～ Y027。一般位于机器的下端。

（3）辅助继电器（M） PLC 内有很多辅助继电器，其线圈与输出继电器一样，由 PLC 内各软元件的触点驱动。辅助继电器也称为中间继电器，它与外部信号无任何联系，只供内部编程使用。它的常开 / 常闭触点使用次数不受限制。但是，这些触点不能直接驱动外部负载，外部负载的驱动必须通过输出继电器来实现。

1）通用辅助继电器。通用辅助继电器的编号为 M0 ～ M499，共 500 点。在 PLC 运行时如果突然断电，则通用辅助继电器全部线圈均 OFF。当电源再次接通时，除了因外部输入信号而变为 ON 的以外，其余的仍将保持 OFF 状态，它们没有断电保持功能。通用辅助继电器常在逻辑运算中用于辅助运算、状态暂存、移位等。

根据需要，可通过程序设定将 M0 ～ M499 变为断电保持辅助继电器。

2）断电保持辅助继电器。断电保持继电器的编号为 M500 ～ M1023，共 524 点，可用参数设置的方法改为非断电保持用。PLC 在运行中若发生突然断电，输出继电器和通用辅助继电器全部变为断开状态，有些控制系统要求保持断电时的状态，断电保持辅助继电器就能满足这种要求。断电保持辅助继电器由 PLC 内部的锂电池作为后备电源来实现掉电保持功能。

3）特殊辅助继电器。辅助继电器中还有一些特殊的辅助继电器。常用的有以下几种。

M8000（运行监视）：当 PLC 执行用户程序时，M8000 为 ON；停止执行时，M8000 为 OFF。

M8002（初始化脉冲）：M8002 仅在 M8000 由 OFF 变为 ON 状态的一个扫描周期内为 ON，可以用 M8002 的常开触点来使有断电保持功能的元件初始化复位或给它们置初始值。

M8011 ～ M8014 分别是 10ms、100ms、1s 和 1min 时钟脉冲。

（4）定时器（T）　在 PLC 内的定时器是根据时钟脉冲进行计数实现的，当所计时间达到设定值时，其输出触点动作，时钟脉冲有 1ms、10ms、100ms。定时器可以用常数 K 作为设定值，也可以用数据寄存器（D）的内容作为设定值。在后一种情况下，一般使用有断电保持功能的数据寄存器。即使如此，若备用电源电压降低时，定时器或计数器往往会发生误动作。

定时器地址范围如下：

① 100ms 定时器（包括子程序、中断用 8 点）地址为 T0 ～ T199，共 200 点，设定值为 0.1 ～ 3276.7s。

② 10ms 定时器地址为 T200 ～ T245，共 46 点，设定值为 0.01 ～ 327.67s。

③ 1ms 累计定时器地址为 T246 ～ T249，共 4 点，设定值为 0.001 ～ 32.767s。

④ 100ms 累计定时器地址为 T250 ～ T255，共 6 点，设定值为 0.1 ～ 3276.7s。

⑤ 1ms 定时器地址为 T256 ～ T511，共 256 点，设定值为 0.001 ～ 32.767s。

（5）计数器（C）　FX$_{3U}$ 系列 PLC 中共有 256 个计数器，可对 PLC 内部信号进行计数，其地址为 C0 ～ C255。这些计数器分为三大类：C0 ～ C199 为 200 个 16 位加计数器；C200 ～ C234 为 35 个 32 位加 / 减计数器；C235 ～ C255 为 21 个 32 位高速可逆计数器。

（6）数据寄存器（D）　数据寄存器是计算机必不可少的元件，用于存放各种数据。FX$_{3U}$ 系列 PLC 中每一个数据寄存器都是 16 位（最高位为正、负符号位），也可用两个数据寄存器合并起来存储 32 位数据（最高位为正、负符号位）。

1）通用数据寄存器。地址为 D0 ～ D199，共 200 点。只要不写入其他数据，已写入的数据不会变化。但是，由 RUN → STOP 时，全部数据均清零。

2）断电保持用寄存器。地址为 D200 ～ D511，共 312 点。其使用方法与通用数据寄存器类似，如果改写，则原有数据会丢失。否则无论电源接通与否、PLC 运行与否，其内容均不变化。

3）文件寄存器。地址为 D512 ～ D7999，共 7488 点。文件寄存器是在用户程序存储器（RAM、EEPROM、EPROM）内的一个存储区，以 500 点为一个单位。用外部设备口进行写入操作。在 PLC 运行时，可用 BMOV 指令读到通用数据寄存器中，但是不能用指令将数据写入文件寄存器。用 BMOV 将数据写入 RAM 后，再从 RAM 中读出。将数据写入 EEPROM 时，需要花费一定的时间，请务必注意。

4）特殊用寄存器。地址为 D8000～D8511，共 512 点。它是写入特定目的的数据或预先写入内容的数据寄存器。在电源接通时，该数据寄存器会写入初始值。

其他编程元件的使用方法请参见 FX$_{3U}$ 编程手册。

2. 数据结构

PLC 内部编程及设置参数时会使用大量的数据，这些数据具有以下几种形式。

（1）常数

1）十进制数。十进制数主要用于 PLC 内部定时器、计数器的设定值，表达时会在这些十进制数前面加 "K"，如 "K100"。对于辅助继电器、定时器、计数器、状态继电器等内部编程元件的地址也都是以十进制编址。

2）二进制数与十六进制数。PLC 在进行控制参数设定时，常会采用二进制数对某一位进行设定，如对模拟量通道进行选择等。在指令中写入操作数时，常将二进制数转换为十六进制数作为操作数写入。十六进制数表达时，会在前面加 "H"，如 "H0F"。

3）八进制数。FX$_{3U}$ 系列 PLC 的输入继电器、输出继电器的地址采用八进制编号。

4）二－十进制数（BCD）。将十进制数的各位 0～9 按 4 位二进制数进行编码，就是 BCD。

5）浮点数。FX$_{3U}$ 系列 PLC 具有浮点数运算处理功能，能进行高精度的计算。进行浮点（实数）运算时，常使用二进制浮点数。

（2）位软元件的组合　对于 X、Y、M、S，只能处理 ON/ OFF 两种信息的软元件，称为位软元件。对于 T、C、D 等能处理 16 位或 32 位数据的软元件，称为字软元件。对于位软元件，可以通过组合成以 4 位为单位不同长度的存储单元进行数据处理，使用 "Kn+ 起始软元件号" 来表示。

例如，K1Y000 表示 Y000～Y003 组合的 4 位数据存储单元；K2M0 表示 M0～M7 组合的 8 位数据存储单元。

（3）字软元件的位　如果要使用字软元件 D 中的某一个位，可以使用 "字软元件编号 . 位编号" 进行设定。其中，位编号按 16 进制 0～F 编号。

例如，D0.F 表示数据寄存器 D0 的第 15 位。

（4）缓冲寄存器 BFM 地址　对于特殊功能模块和特殊功能单元中的 BFM（缓冲寄存器），如果要进行读写操作，可以使用 "特殊功能模块或特殊功能单元的模块号（U）+BFM 编号（\G）" 指定地址。

例如，U0\G0 表示模块号为 0 的特殊功能模块或特殊功能单元的 BFM#0 的地址。

单元号 U 的范围为 0～7，BFM 编号的范围为 0～32766。

1.2.2　位逻辑指令编程

1. 位元件的串联、并联及混联

梯形图中触点的串联和并联可以实现 "与" 运算和 "或" 运算，用常闭触点控制线圈可以实现"非"运算。用多个触点的串、并联电路可以实现复杂的逻辑运算。指令说明见表 1-7，应用实例如图 1-10 所示。

表 1-7 位逻辑指令说明

格式	功能
bit ⊢⊢	常开触点，可用于 X、Y、M、S、T、C 元件
bit ⊢/⊢	常闭触点，可用于 X、Y、M、S、T、C 元件
─(bit)	线圈，可用于 Y、M、S、T、C 元件，不能用于 X 元件，T、C 元件使用时，要在线圈指令写入后，设定常数 K 或相应的数据寄存器
─/─	逻辑取反，可对逻辑运算结果取反，不能直接与母线相连

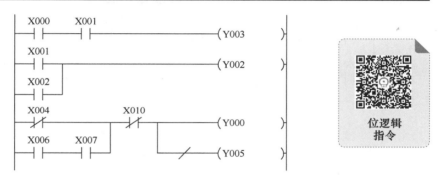

图 1-10 基本位逻辑运算程序

2. 边沿检测指令

边沿检测指令可在元件的上升沿或下降沿进行检测，并接通相应编程元件一个扫描周期，指令说明见表 1-8，应用实例如图 1-11 所示。

表 1-8 边沿检测指令说明

格式	功能
⊢↑⊢	上升沿检测，可用于 X、Y、M、S、T、C 元件
⊢↓⊢	下降沿检测，可用于 X、Y、M、S、T、C 元件

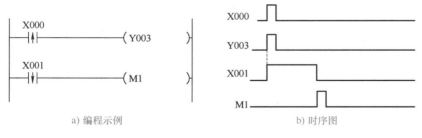

a) 编程示例　　　　　　　　　　b) 时序图

图 1-11 边沿检测指令应用实例

3. 置位与复位指令

置位与复位指令（SET/RST）可用于对指定编程元件进行置位和清零操作。指令说明见表 1-9。如图 1-12 所示，当 X000 常开触点接通时，M10 变为 ON 状态并一直保持该状态，即使 X000 断开，M10 的 ON 状态仍维持不变；只有当 X001 的常开触点闭合时，M10 才变为 OFF 状态并保持，即使 X001 常开触点断开，M10 也仍为 OFF 状态。

表 1-9　置位 / 复位指令说明

格式	功能
[SET　bit]	使被操作的编程元件置位并保持，可用于 Y、M、S 元件
[RST　bit]	使被操作的编程元件复位并清零，可用于 Y、M、S、T、C、D、V、Z 元件

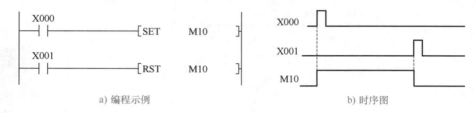

a) 编程示例　　　　　　　　　　　　　b) 时序图

图 1-12　置位与复位指令应用实例

4. 微分指令

微分指令（PLS/PLF）可用于对输入信号进行上升沿或下降沿检测，并使编程元件产生一个扫描周期脉冲。指令说明见表 1-10。如图 1-13 所示。当 X005 接通瞬间，M0 产生一个扫描周期的脉冲信号；当 X002 断开瞬间，M2 产生一个扫描周期的脉冲信号。

表 1-10　微分指令说明

格式	功能
[PLS　bit]	当检测到输入信号的上升沿时，使编程元件的线圈产生一个扫描周期的脉冲信号输出，可用于 Y、M 元件
[PLF　bit]	当检测到输入信号的下降沿时，使编程元件的线圈产生一个扫描周期的脉冲信号输出，可用于 Y、M 元件

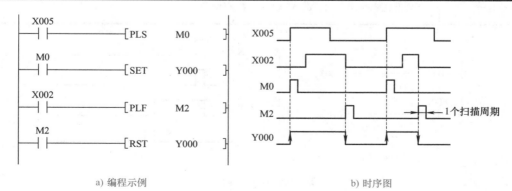

a) 编程示例　　　　　　　　　　　　　b) 时序图

图 1-13　微分指令应用实例

1.2.3　定时器、计数器指令编程

1. 定时器

三菱 FX$_{3U}$ 系列 PLC 的定时器和其他 PLC 的定时器工作原理相同，都是采用对 PLC 内部提供的基准时钟（简称时基）进行计数来实现定时的，三菱 PLC 定时器的基准时钟分 1ms、10ms 和 100ms 三种，按工作方式分为通用型和累计型两种，其地址分配见表 1-11。

三菱 PLC 的
定时器

表 1-11　三菱 FX$_{3U}$ 系列 PLC 的定时器地址分配表

类型	时基	地址	定时范围
通用型定时器	100ms	T0 ～ T199	0.1 ～ 3276.7s
	10ms	T200 ～ T245	0.01 ～ 327.67s
	1ms	T256 ～ T511	0.001 ～ 32.767s
累计型定时器	1ms	T246 ～ T249	0.001 ～ 32.767s
	100ms	T250 ～ T255	0.1 ～ 3276.7s

定时器使用时需要设定定时时间，即在定时器线圈指令中输入需要达到的计数值。例如定时器需要定时 5s，如果采用 100ms 时基定时器，那么设定的计数值应为 50；如果采用 10ms 时基定时器，那么设定的计数值应为 500。

（1）通用型定时器的工作原理　通用型定时器编程示例如图 1-14a 所示。当 X011 接通时，T0 对 100ms 的时钟脉冲进行计数，当前值与设定值 K200 相等时，定时器的常开触点动作，即常开触点是在定时器驱动线圈通电 20s（100ms × 200 = 20s）后才动作，当 T0 的常开触点闭合后，Y007 线圈通电，输出有效。当输入信号 X011 断开或发生停电时，定时器复位，常开触点断开，输出线圈复位。图 1-14b 所示为通用型定时器的时序图。由此可见，三菱 FX$_{3U}$ 系列 PLC 的定时器动作情况类似于继电接触控制系统中的通电延时定时器。

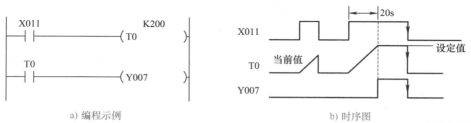

a) 编程示例　　　　　　　　　　　　b) 时序图

图 1-14　定时器应用实例

【例 1-1】用定时器组成闪烁电路，程序如图 1-15 所示。

通用型定时器

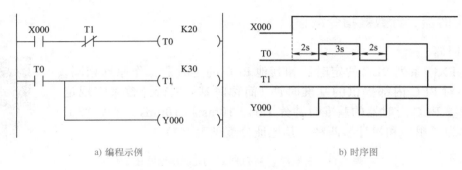

a) 编程示例　　　　　　　　　　b) 时序图

图 1-15　闪烁电路程序

【例 1-2】用定时器组成断电延时定时电路，程序如图 1-16 所示。

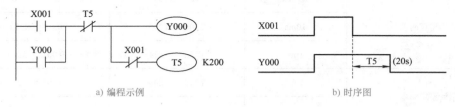

a) 编程示例　　　　　　　　　　b) 时序图

图 1-16　断电延时定时器电路程序

（2）累积型定时器的工作原理　如图 1-17a 所示，当 X003 接通时，定时器线圈 T250 通电，T250 的当前值计数器对 100ms 的时钟脉冲进行累积计数，当该值与设定值 K345 相等时，定时器的输出触点动作。在计数过程中，若 T250 还未达到设定值 X003 就断开了，则定时器停止继续计数，但当前计数值仍然被保留，当 X003 重新接通时，计数继续进行，当定时器

累积型
定时器

定时器仿真
调试案例

累积时间和为 34.5s（100ms × 345 = 34.5s）时，定时器触点动作，输出线圈 Y007 通电。当 X004 接通时，定时器被复位。定时器工作时序如图 1-17b 所示。

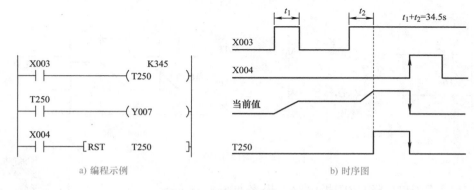

a) 编程示例　　　　　　　　　　b) 时序图

图 1-17　累积型定时器工作原理

2. 计数器

三菱 FX_{3U} 系列 PLC 的计数器是通过采集脉冲信号进行计数的。按位数的不同分为

16 位计数器和 32 位计数器；按工作方式不同分为通用型和断电保持型两种。地址分配见表 1-12。

表 1-12　三菱 FX_{3U} PLC 的计数器地址分配表

类型	计数范围	工作方式	地址
16 位加计数器	0 ～ 32767	通用型	C0 ～ C99
		断电保持型	C100 ～ C199
32 位加 / 减计数器	− 2 147 483 648 ～ + 2 147 483 647	通用型	C200 ～ C219
		断电保持型	C220 ～ C234
高速计数器	− 2 147 483 648 ～ + 2 147 483 647	单相单计数输入	C235 ～ C245
		单相双计数输入	C246 ～ C250
		双相双计数输入	C251 ～ C255

（1）16 位计数器　FX_{3U} 系列 PLC 中的 16 位计数器为 16 位加计数器。使用示例如图 1-18a 所示。计数器的线圈输入端用于计数。当 X011 有计数信号输入时，在计数信号的上升沿进行计数，每一个计数脉冲上升沿使原来的数值加 1，当计数值与设定值相等时停止计数，同时计数器触点闭合。当复位控制信号 X010 的上升沿输入时，触点断开，计数器计数值清零，此时可以再次进入计数状态。其工作时序如图 1-18b 所示。

计数器的设定值可用常数 K 或数据寄存器 D 进行设定，当设定值为 K0 或 K1 时，表示在第一次计数时，其输出触点就动作。

应注意的是，断电保持型计数器即使发生停电，当前值与输出触点的动作状态或复位状态也能保持。

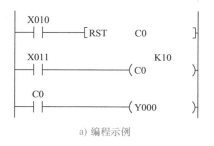
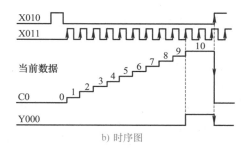

a) 编程示例　　　　b) 时序图

图 1-18　加计数器的动作过程

（2）32 位加 / 减计数器　FX_{3U} 系列 PLC 中的 32 位加 / 减计数器是通过特殊辅助继电器 M8200 ～ M8234 指定加计数或减计数。当计数器对应的特殊辅助继电器接通，则计数器进行减计数，反之进行加计数。

如图 1-19a 所示，控制 32 位加 / 减计数器需要三个信号。X010 控制 M8200 的计数方向。当 M8200 为 0 时，为加计数，此时当计数端 M0 有信号输入时，在计数信号的上升沿进行加计数，每来一个计数脉冲上升沿，原来的数值加 1；当 M8200 为 1 时，为减计数，此时当计数端 M0 有信号输入时，在计数信号的上升沿进行减计数，每来一个计数脉冲上升沿，原来的数值减 1；当计数器的当前值向设定值方向增加到设定值时，即

由 -6 → -5 增加时，计数器触点接通，而由 -5 → -6 减小时，其触点复位。直到复位控制信号 X014 的上升沿到来时，触点断开，此时可以再次进入计数状态。其工作时序如图 1-19b 所示。

　　计数器的设定值可以用常数或数据寄存器设定。用数据寄存器设定时，将连续两个地址编号的数据寄存器视为一个 32 位数据寄存器处理。如果指定 D0 作为计数器的设定值，则 D1 和 D0 两个数据寄存器的内容合起来作为一个 32 位设定值。

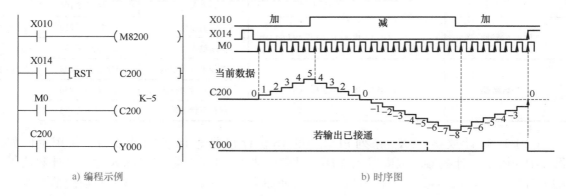

a) 编程示例　　　　　　　　　　　　b) 时序图

图 1-19　加 / 减计数器的动作过程

1.3　三菱 FX$_{3U}$ 系列 PLC 的应用指令

应用指令格式说明

　　应用指令的梯形图表达形式如图 1-20 所示。在执行条件 X000 后的方框为功能框，分别含有应用指令的名称和参数。这条指令表达的意思是：当 X000 闭合后，把数据寄存器 D10 的内容加上 D12 的内容，运算后的结果送到数据寄存器 D14 中。

　　应用指令功能框中各参数的含义如下：

　　① 为功能代号（FNC）。每条功能指令都有一个固定的编号，FX$_{3U}$ 系列 PLC 的应用指令代号从 FNC00 ～ FNC295。例如，FNC00 代表 CJ（条件跳转），FNC01 代表 CALL（子程序调用）。这个功能号只用于辅助编程，在梯形图编程软件中，这个功能代号不会显示在程序编辑页面上。

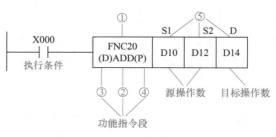

图 1-20　应用指令的梯形图表达形式

　　② 为助记符，每个应用指令有个字母代号，就是助记符，用于表达该指令是什么功能。如 ADD 表示加法。

　　③ 为数据长度指示。有（D）表示为 32 位数据操作，无（D）表示为 16 位数据操作。如图 1-21 所示，图 1-21a 中功能指令 MOV 的含义是将 D10 中的内容传送到 D12 中，图 1-21b 中 DMOV 的含义是将 D21、D20 中内容（共 32 位）传送到 D23、D22 中。**注意：** 在 32 位数据传送中，每个数据寄存器 D 分别传送 16 位，而梯形图只标出低 16 位数据寄存器。

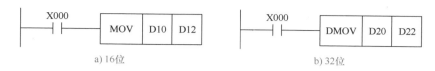

图 1-21 16 位或 32 位数据传送指令

④ 为脉冲 / 连续执行指令标志。指令中有（P）表示为脉冲执行指令，当条件满足时，执行一个扫描周期。指令中无（P）表示连续执行，当条件满足时，在每个扫描周期都执行。如图 1-22 所示，图 1-22a 表示当 X000 从 OFF → ON 时，执行一次传送操作，其他时刻不执行；图 1-22b 表示当 X000 从 OFF → ON 时，在每个扫描周期都执行一次数据传送。

图 1-22 脉冲和连续执行指令

⑤ 为操作数，指应用指令所涉及的数据。如图 1-20 所示，S1、S2 为源操作数，分别是数据寄存器 D10、D12 中的内容。D 是目标操作数，即 D14 中的内容。目标操作数指的就是应用指令执行后数据结果所在的数据寄存器。源操作数在指令执行后数据不变，而目标操作数在指令执行后可发生变化。下面介绍一些常用的应用指令。

1.3.1 程序控制类指令

常用的程序控制类指令见表 1-13。

表 1-13 常用的程序控制类指令

FNC NO.	指令助记符	功能
00	CJ	条件跳转
01	CALL	子程序调用
02	SRET	子程序返回
06	FEND	主程序结束

1. 条件跳转指令 CJ

条件跳转指令示例如图 1-23 所示。

条件跳转指令的操作数为指针标号 P0 ～ P4095，其中，P63 为 END 所在步序，不需标记。

条件跳转指令 CJ 用于跳过顺序程序中的某一部分，以控制程序的流程。在图 1-23 中，当 X003 为 ON 时，程序跳过 Y002 的控制程序段，转到指针 P7 处，执行 Y003 的控制程序段；如果 X003 为 OFF，则不执行跳转，程序按原顺序依次执行 Y002 和 Y003 的控制程序段。使用跳转

条件跳转
指令 CJ

指令时，应注意以下几点：

1）多个 CJ 指令可以向同一个指针跳转。

2）指针可以出现在相应跳转指令之前，但是如果反复跳转时间超过 WDT（看门狗定时器）的设定时间，将会引起 WDT 错误。

3）同一个指针在一个程序中只能出现一次，如出现两次或两次以上，则会出错。

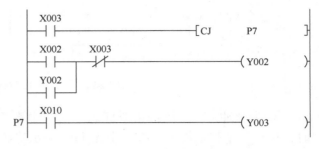

图 1-23　条件跳转指令

4）如果用 M8000 的常开触点驱动指令，相当于无条件跳转指令。

2. 子程序调用指令 CALL 及返回指令 SRET

子程序调用及返回指令应用示例如图 1-24 所示。

子程序调用指令 CALL 的操作数为指针标号 P0 ～ P4095（P63 除外），子程序返回指令 SRET 无操作数，常用于子程序的最后。

在图 1-24 中，当 X000 为 ON 时，CALL 指令使程序跳转到指针 P10 处，子程序被执行，执行 SRET 指令后，返回到 CALL 指令的下一步继续执行。

子程序调用及返回指令

子程序应放在 FEND（主程序结束）指令之后，同一指针标号只能出现一次，CJ 指令中用过的指针不能再用。

在子程序中再次调用子程序称为嵌套，最多允许 5 层嵌套。如图 1-25 所示，CALL P11 指令仅在 X000 由 OFF 变为 ON 时执行一次。在执行子程序 1 时，如果 X001 为 ON，CALL P12 指令被执行，程序跳到 P12 处，嵌套执行子程序 2。执行第二条 SRET 指令后，返回子程序 1 中 CALL P12 指令的下一条指令，执行第一条 SRET 指令后返回主程序中 CALL P11 指令的下一条指令。

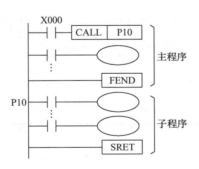

图 1-24　子程序调用及返回指令应用示例

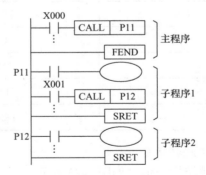

图 1-25　多层嵌套

3. 主程序结束指令 FEND

FEND 表示主程序结束，无操作数。当执行到 FEND 时，PLC 进行输入 / 输出处理，监视定时器刷新，完成后返回初始步。子程序和中断程序等写在 FEND 指令之后。

1.3.2 算术运算类指令

常用的算术运算类指令见表 1-14。

算术运算指令

表 1-14 常用的算术运算类指令

FNC NO.	指令助记符	功 能
20	ADD	BIN 加法
21	SUB	BIN 减法
22	MUL	BIN 乘法
23	DIV	BIN 除法
24	INC	BIN 加 1
25	DEC	BIN 减 1

1. 加法运算指令 ADD

加法运算指令是将指定源地址中的二进制数相加，其结果送到指定目标地址中。如图 1-26 所示，当 X000 = ON 时，源地址 [S1]、[S2] 的两个数据寄存器 D10、D12 中的二进制数相加后送到目标地址 [D] 即 D14 中。即（D10）+（D12）→（D14）。

图 1-26 ADD 指令格式与功能

加法操作指令影响 3 个常用标志，即零标志 M8020、借位标志 M8021、进位标志 M8022。

如果运算结果为 0，则零标志 M0820 置 1；如果运算结果超过 32 767（16 位运算）或 2 147 483 647（32 位运算），则进位标志 M8022 置 1；如果运算结果小于 −32768 或 −2 147 483 648，则借位标志 M8021 置 1。源地址 [S1]、[S2] 中可以写常数 K。

2. 减法运算指令 SUB

减法运算指令是将源地址中的二进制数相减，结果送至目标地址中。如图 1-27 所示，DSUB 为 32 位数相减，当 X000 = ON 时，两个源地址 [S1]、[S2] 中的二进制数相减，结果存入目标地址 [D] 中，即（D11，D10）−（D13，D12）→（D15，D14）。

图 1-27 SUB 指令格式与功能

SUB 指令的操作对标志位的影响与 ADD 指令相同。

3. 乘法运算指令 MUL

乘法运算指令是将指定的源地址中的二进制数相乘，结果送到指定的目标地址中。乘法指令分为 16 位和 32 位两种运算。

图 1-28 所示为 16 位乘法运算。当 X000 = ON 时，（D0）×（D2）→（D5，D4）。虽然源操作数是 16 位，但目标操作数却是 32 位。例如，当（D0）= 8，（D2）= 9 时，（D5，D4）= 72。最高位为符号位，0 为正，1 为负。若为 32 位运算，指令为（D）MUL。此时，源操作数为 32 位，目标操作数为 64 位。

图 1-28 MUL 指令格式与功能

4. 除法运算指令 DIV

除法运算指令是将指定的源地址中的二进制数相除，[S1] 为被除数，[S2] 为除数，商送到指定的目标地址 [D] 中，余数送到 [D] 的下一个目标地址 [D+1] 中。DIV 指令格式与功能如图 1-29 所示。除法运算指令也分 16 位和 32 位操作。

图 1-29a 为 16 位除法运算。执行条件 X000 由 OFF → ON 时，（D0）÷（D2）→（D4）。当（D0）= 19，（D2）= 3 时，（D4）= 6，（D5）= 1。图 1-29b 为 32 位除法运算，当 X001 由 OFF → ON 时，（D1，D0）÷（D3，D2）→（D5，D4），余数在（D7，D6）中。

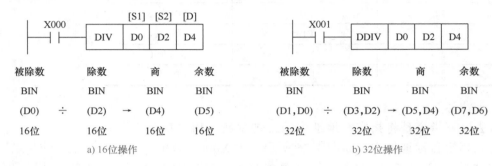

图 1-29 DIV 指令格式与功能

除数为 0 时，运算出错。若使用位组合元件（如 K1Y000）用于 [D] 中，则得不到余数。商和余数的最高位均为符号位。

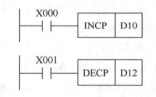

图 1-30 INC 和 DEC 指令格式与功能

5. 加 1 指令 INC 和减 1 指令 DEC

如图 1-30 所示，当 X000 由 OFF → ON 时，D10 中的数自动加 1；当 X001 由 OFF → ON 时，D12 中的数自动减 1。图 1-30 中的两条指令都是脉冲执行型，X000、X001 为 ON 时只执行一次自动加 1 或减 1。若用连续指令（不带 P），则 X000、X001 为 ON 时，每个扫描周期都会自动加 1 或减 1。

1.3.3 传送比较类指令

常用的传送比较类指令见表 1-15。

传送指令 MOV

表 1-15 常用的传送比较类指令

FNC NO.	指令助记符	功　　能
10	CMP	比较
11	ZCP	区间比较
12	MOV	传送
18	BCD	二进制转 BCD
19	BIN	BCD 转二进制

1. 比较指令 CMP

CMP 指令有三个操作数：两个源操作数 [S1] 和 [S2]，一个目标操作数 [D]，该指令将 [S1] 和 [S2] 进行比较，结果送到 [D] 中。CMP 指令分 16 位和 32 位操作，使用示例如图 1-31 所示。当 CMP 指令执行条件满足，即 X003 接通时，将 K300 与 D10 中的数据进行比较。若 D10 中的数据小于 K300，则 M5 接通；若 D10 中的数据等于 K300，则 M6 接通；若 D10 中的数据大于 K300，则 M7 接通。如果 CMP 指令不再执行，则 M5 ~ M7 的内容会保持，若需清除，则应使用复位指令 RST 清除比较结果，即复位 M5 ~ M7。

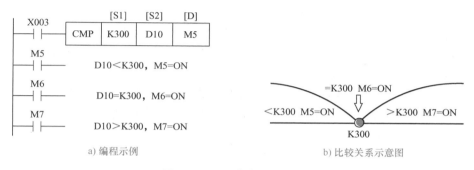

a) 编程示例　　　　　　　　　　b) 比较关系示意图

图 1-31　CMP 指令格式与功能

2. 区间比较指令 ZCP

ZCP 指令有四个操作数：三个源操作数 [S1]、[S2] 和 [S]，一个目标操作数 [D]，该指令将 [S] 中的数据和 [S1]、[S2] 构成的区间数据进行比较，结果送到 [D] 中。使用示例如图 1-32 所示。当 ZCP 指令执行条件满足，即 X004 接通时，将 D0 中的数据与 K10、K20 进行比较。若 D0 中的数据小于 K10，则 M10 接通；若 D0 中的数据界于 K10 与 K20 之间，则 M11 接通；若 D0 中的数据大于 K20，则 M12 接通。如果 ZCP 指令不再执行，M10 ~ M12 的内容会保持，若需清除，则应使用复位指令 RST 清除比较结果，即复位 M10 ~ M12。

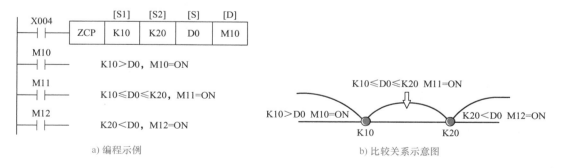

a) 编程示例　　　　　　　　　　b) 比较关系示意图

图 1-32　ZCP 指令格式与功能

3. 传送指令 MOV

MOV 指令是将指定的源地址 [S] 中的数据传送到目标地址 [D] 中。MOV 指令分 16 位传送和 32 位传送，如图 1-33 所示。图 1-33a 中带 P 表示脉冲执行 16 位数传送，

图 1-33b 中 MOV 中不带 P 但带有 D 表示连续执行 32 位数传送,数据从(D1,D0)→(D11,D10)。

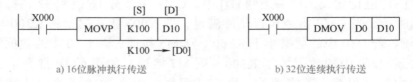

a) 16位脉冲执行传送   b) 32位连续执行传送

图 1-33   MOV 指令格式与功能

4. 二进制转 BCD 指令 BCD

BCD 指令将指定源地址 [S] 中的二进制数转换成 BCD 码传送到目标地址 [D] 中。如图 1-34 所示,BCD 指令可将 D0 中的数据送至带 BCD 译码的七段显示器中显示数值。

5. BCD 转二进制指令 BIN

BIN 指令将指定源地址 [S] 中的 BCD 码转换成二进制数传送到目标地址 [D] 中。如图 1-35 所示,BIN 指令可将数字开关中以 BCD 码设定的数值转换成 PLC 运算中可处理的二进制数据。

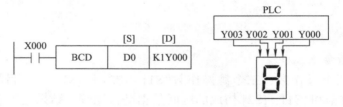

图 1-34   BCD 指令格式与功能

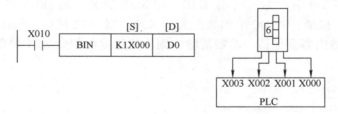

图 1-35   BIN 指令格式与功能

1.3.4   浮点数处理指令

常用的浮点数处理指令见表 1-16。

表 1-16   常用浮点数处理指令

FNC No.	指令助记符	功　能
49	FLT	整数转换成浮点数
129	INT	浮点数转换成整数
112	EMOV	浮点数数据传送

（续）

FNC No.	指令助记符	功　能
120	EADD	浮点数加
121	ESUB	浮点数减
122	EMUL	浮点数乘
123	EDIV	浮点数除

1. 整数→二进制浮点数转换指令 FLT

如图 1-36 所示，当 X000 由 OFF → ON 时，D10 中的整数被自动转换为二进制浮点数，结果存入（D13，D12）中。若 FLT 指令采用 32 位格式，则将（D11，D10）中的整数转换为二进制浮点数，存入（D13，D12）中。

2. 二进制浮点数→整数转换指令 INT

如图 1-37 所示，当 X000 由 OFF → ON 时，（D11，D10）中的浮点数被自动转换为 16 位二进制整数，小数部分省去，结果存入 D12 中。若 INT 指令采用 32 位格式，则将（D11，D10）中的浮点数转换为 32 位二进制整数，小数部分省去，存入（D13，D12）中。

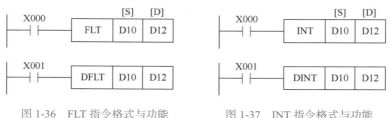

图 1-36　FLT 指令格式与功能　　　　图 1-37　INT 指令格式与功能

3. 常用二进制浮点数运算指令

常用二进制浮点数运算指令包括数据传送、加、减、乘、除等，其使用方法与整数的运算类似，这里不再赘述。需要注意的是，浮点数均为 32 位运算，因此指令格式都应加 D。

图 1-38 为浮点数运算指令应用实例，它将 D0 和 D22 中的整数进行除法运算，再乘 34.5，得到的计算结果转换为 32 位整数存入（D15，D14）中。

图 1-38　浮点数运算指令应用实例

1.3.5　其他常用指令

1. 区间复位指令 ZRST

该指令是将指定范围内 [D1] ～ [D2] 的同类元件成批复位。如图 1-39 所示，当 X002 由 OFF → ON 时，将位元件 M0 ～ M7 成批复位，将字元件 D100 ～ D120 成批清零，将计数器 C0 ～ C10 成批清零复位。

使用区间复位指令时应注意：

[D1] 和 [D2] 可取 Y、M、S、T、C、D，且应为同类元件，同时 [D1] 的元件号应小于 [D2] 的元件号，若 [D1] 的元件号大于 [D2] 的元件号，则只有 [D1] 指定的元件被复位。

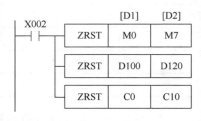

图 1-39　ZRST 指令格式与功能

2. 交替输出指令 ALT

如图 1-40 所示，每当 X000 由 OFF → ON 时，ALT 指令可以实现 M0 的状态切换。这个指令通常采用脉冲方式，如果使用连续指令，则 X000 为 ON 时，在每个扫描周期都会使 M0 的状态发生切换。

图 1-41 为单按钮实现电动机起停控制，当按下 X000 时，起动 Y000 有效，当再次按下 X000 时，停止 Y000 有效。

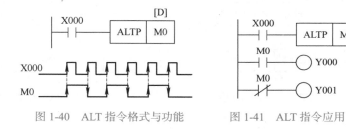

图 1-40　ALT 指令格式与功能　　　图 1-41　ALT 指令应用

3. 触点比较指令

触点比较指令可以进行 6 种比较运算：=、≠、≤、≥、<、>，对两个源操作数 [S1]、[S2] 内容进行比较，根据其结果来控制触点的导通。触点比较指令可与其他触点串联或并联，实现逻辑运算，如图 1-42 所示。当 X000 接通时，D0 的当前值如果大于等于 10，则驱动 Y003 线圈通电。其他触点比较指令不再一一说明。

图 1-42　触点比较指令格式与功能

1.3.6　基于 GX Works2 的仿真案例

控制要求：按下起动按钮 X000，Y010 控制的 1 号电动机开始运行，30s 后自动断电，同时，Y011 控制的 2 号电动机开始通电，15s 后自动断电。

打开 GX Works2 软件，单击"工程"菜单，选择"新建"命令，在弹出的创建新工程对话框中选择 PLC 系列和机型，然后选择程序语言的类型为"梯形图"，如图 1-43 所示。单击"确定"按钮，完成工程建立。

在工程界面右侧空白编辑区输入梯形图程序，如图 1-44 所示，输入完毕后按 F4 键完成转换。

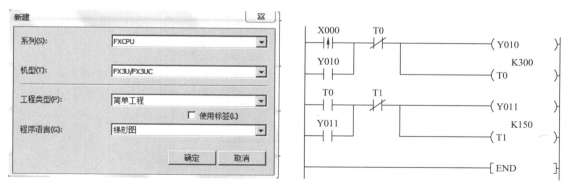

图 1-43　新建梯形图　　　　　　　　　　　　图 1-44　梯形图程序

单击"调试"菜单，选择"模拟开始/停止"命令，启动模拟器，弹出程序写入窗口，如图 1-45 所示，程序自动写入完毕后，单击"关闭"按钮，开始仿真。

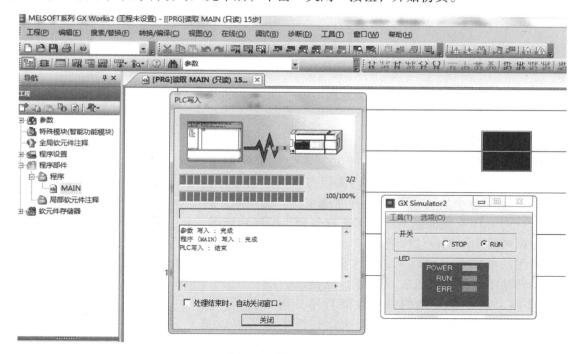

图 1-45　模拟器启动完成

单击"调试"菜单，选择"当前值更改"命令，弹出图 1-46 所示对话框，在软元件处输入"X000"，将 X000 设置为 ON，模拟按下起动按钮，观察梯形图中 Y010 线圈是否通电，T0 是否开始计时，30s 后 Y010 是否自动断电，同时 Y011 是否通电，T1 是否开始计时，15s 后 Y011 是否断电。元件颜色为蓝色时，表示为接通状态。

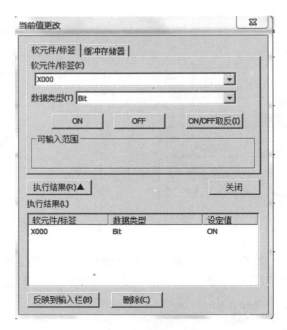

图 1-46　当前值更改

1.4　PLC 的顺序控制程序设计

1.4.1　顺序功能图

所谓顺序控制，就是按照生产工艺预先规定的顺序，在各个输入信号的作用下，根据内部状态和时间的顺序使生产过程中的各个执行机构自动有序地工作。使用顺序控制法设计时，应首先根据系统的工艺过程画出顺序功能图，然后根据顺序功能图设计梯形图。

顺序功能图是一种通用的技术语言，主要由步、有向连线、转换条件和动作组成，如图 1-47 所示。

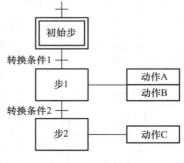

图 1-47　顺序功能图典型结构

1）步。将一个复杂的顺序控制程序分解为若干个状态，这些状态称为步。步用方框表示，框中编号可以是 PLC 中的辅助继电器 M 或状态元件 S 的编号。每一个顺序功能图至少应有一个初始步，初始步对应于系统的初始状态，用双线方框表示，一般是指系统等待启动命令前的准备状态。

步又分为活动步和静止步。活动步是指当前正在运行的步，静止步是指没有运行的步。步处于活动状态时，相应的动作被执行。

顺序功能图

2）动作。步方框右边用线条连接的符号为本步的工作对象，简称为动作。当状态元件 S 或辅助继电器 M 接通时（ON），工作对象通电动作。

3）有向连线。有向连线表示状态的转移方向。在画顺序功能图时，将代表各步的方框按先后顺序排列，并用有向连线将它们连接起来。表示从上到下或从左到右这两个方向的有向连线的箭头可以省略。

4）转换条件。转换用与有向连线垂直的短划线来表示，将相邻的两个状态隔开。转换条件标注在转换短线的旁边。转换条件是与转换逻辑相关的接点，一般是常开触点、常闭触点或它们的串并联组合。常见的转换条件有按钮、行程开关、定时器的触点动作等。

顺序功能图的基本结构分为单序列、选择序列和并行序列。如图 1-48 所示。

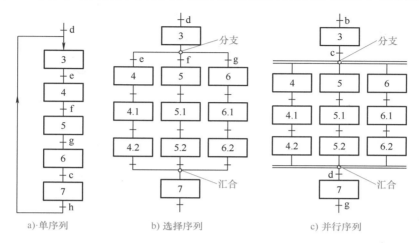

图 1-48　顺序功能图典型结构

1.4.2　三菱 PLC 的顺序功能图（SFC）编程

1. 工程建立

打开 GX Works2 软件，单击"工程"菜单，选择"新建"命令，在弹出的创建新工程窗口中选择 PLC 系列和机型，然后选择程序语言的类型为"SFC"，如图 1-49 所示。

图 1-49　新建 SFC 程序

顺控图编程

单击"确定"按钮后，进入块信息设置对话框，如图 1-50 所示，选择块类型为"梯形图块"，单击"执行"按钮。**注意：** 一个 SFC 程序由一个梯形图块和多个 SFC 图块组成，

SFC 图块由梯形图块里的程序启动，所以不能没有梯形图块。

执行完成后就生成了一个 SFC 的梯形图块，如图 1-51 所示。

右击界面左侧工程管理树的"MAIN"文件夹图标，在弹出的快捷菜单中选择"新建数据"命令，如图 1-52 所示。打开新建数据对话框，如图 1-53 所示，在新建数据对话框中输入自定义数据名称，按"确定"按钮。

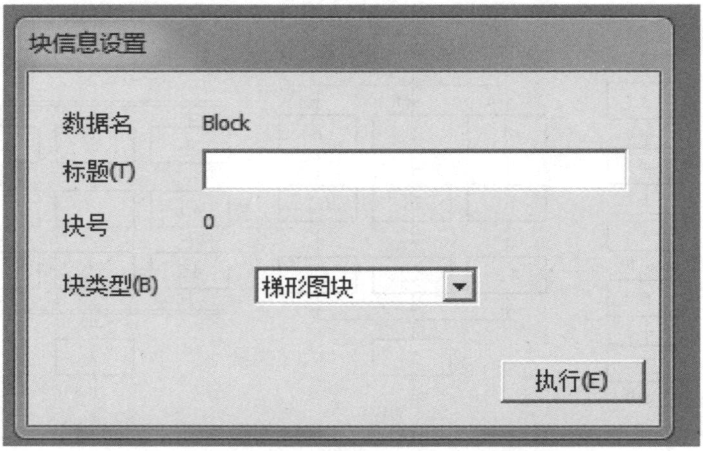

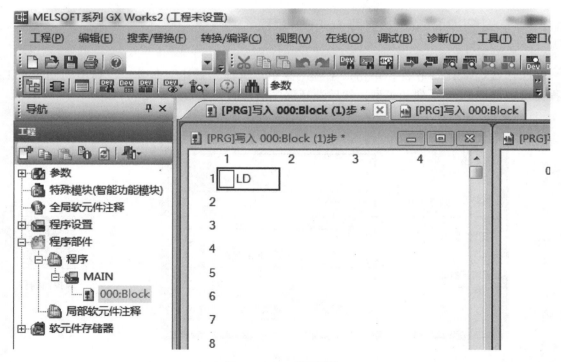

图 1-50　块信息设置

图 1-51　SFC 梯形图块

图 1-52　建立 SFC 块（一）

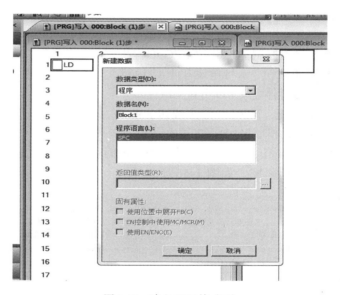

图 1-53　建立 SFC 块（二）

这时弹出一个块信息设置对话框，如图 1-54 所示，单击"执行"按钮。此时，工程建立完成，如图 1-55 所示。

图 1-54　建立 SFC 块（三）

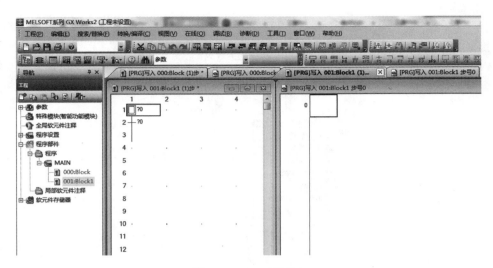

图 1-55　SFC 工程建立

2. SFC 的绘制

以两台电动机顺序起动控制为例介绍 SFC 编程步骤。

控制要求：按下起动按钮，1 号电动机开始运行，10s 后 2 号电动机开始运行，按下停止按钮，两台电动机同时停止。I/O 分配如下：

输入：X000—起动按钮，X001—停止按钮。

输出：Y000—1 号电动机，Y001—2 号电动机。

双击梯形图块 000：Block，即图中标号 1 处，此时进入编程状态。用鼠标单击标号 2 处，就会出现标号 3 的编程区域，如图 1-56 所示。

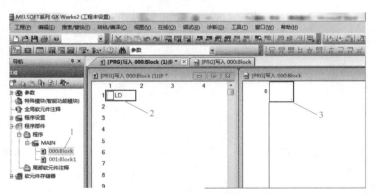

图 1-56　在梯形图块中编程

在编程区域输入初始化程序，如图 1-57 所示。程序输入完成后按 F4 键转换。

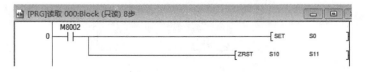

图 1-57　梯形图块编程

　　然后双击打开 SFC 图块 001：Block1，如图 1-58 中标号 1 处。进入 SFC 绘图状态，首先添加"步"，双击标号 2 处，或者单击标号 2 处，再单击标号 3 处（也可按 F5 键）。

　　出现如图 1-59 所示对话框，可以修改步号、添加注释，然后单击"确定"按钮，完成步的添加。

　　接着添加转换条件，如图 1-60 所示，双击标号 1 处，或单击标号 1 再单击标号 2 处（也可按 F5 键），在弹出的对话框中单击"确定"按钮，转换条件添加完成。

　　根据顺序功能图依次将步与转换条件添加完成，然后结束循环。在图 1-61 所示中，单击标号 1，再单击标号 2（也可以按 F8 键），在弹出的对话框中输入所要跳转到的步号，单击"确定"按钮即可。

　　这样，SFC 就建立好了，如图 1-62 所示。

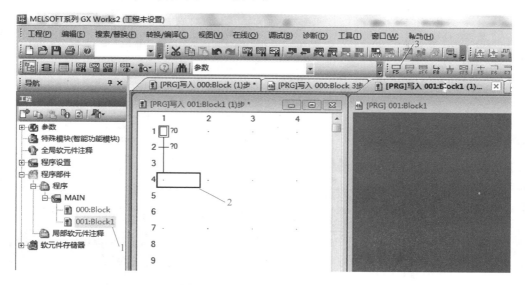

图 1-58　在 SFC 块中添加步（一）

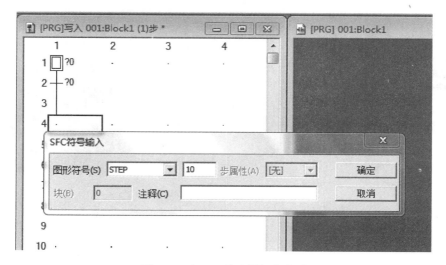

图 1-59　在 SFC 块中添加步（二）

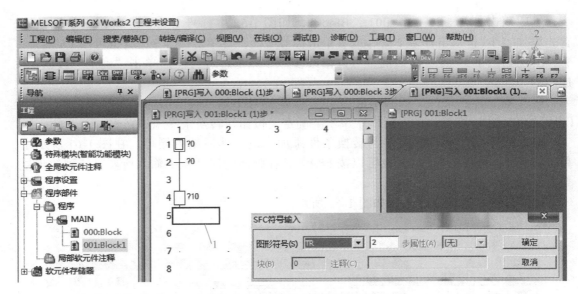

图 1-60　在 SFC 块中添加转换条件

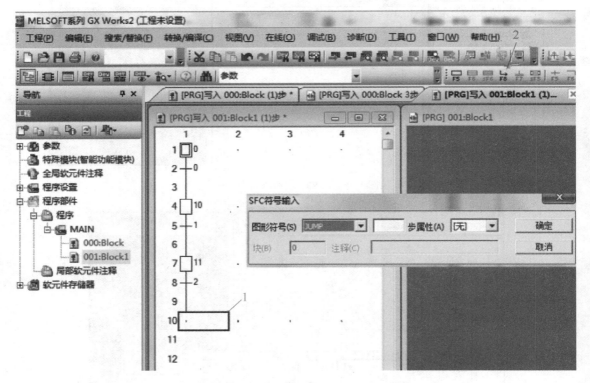

图 1-61　在 SFC 块中添加跳转

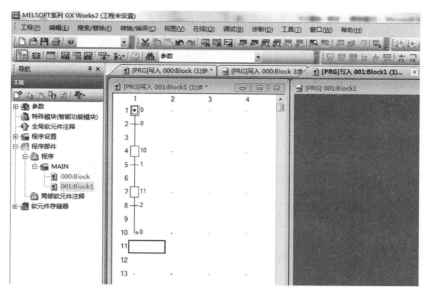

图 1-62　完成 SFC 块的流程

3. 在 SFC 中添加程序

当单击步或转换条件时，会在右边出现程序输入框，将对应的程序写入其中，就可完成编程。每个步或转换条件相应程序编好后，都要按 F4 键进行编译。

S0 步的程序如图 1-63 所示，将 1 号电动机（Y000）、2 号电动机（Y001）复位。

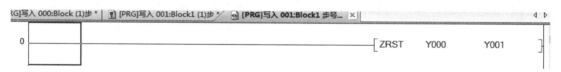

图 1-63　S0 步程序

转换条件 0 的程序如图 1-64 所示，当起动按钮 X000 按下时，进入 S10 步。

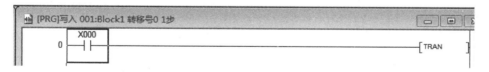

图 1-64　转移条件 0 程序

S10 步的程序如图 1-65 所示，1 号电动机运行并保持，定时器 T0 开始计时。

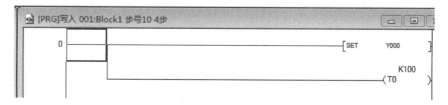

图 1-65　S10 步程序

转换条件 1 的程序如图 1-66 所示，T0 计时 10s 后，执行 S11 步的程序。

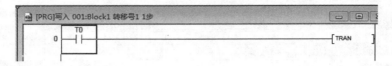

图 1-66　转换条件 1 程序

S11 步的程序如图 1-67 所示，2 号电动机开始运行

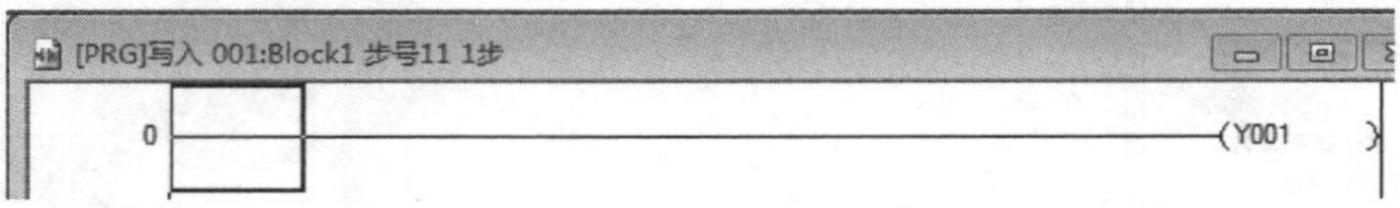

图 1-67　S11 步程序

转换条件 2 的程序如图 1-68 所示，按下停止按钮 X001，返回到初始步 S0。

图 1-68　转换条件 2 程序

由上述步和转换条件程序的输入可知，每一步的编程就是执行相应的动作，所以步的程序中多出现线圈；而每一个转换条件的最后都以"TRAN"结束。

如果要进行 SFC 程序与梯形图程序之间的转换，可单击"工程"菜单，选择"工程类型更改"→"更改程序语言类型"命令，单击"确定"按钮，就可以完成从 SFC 程序到梯形图程序的转换。转换完成后的程序如图 1-69 所示。

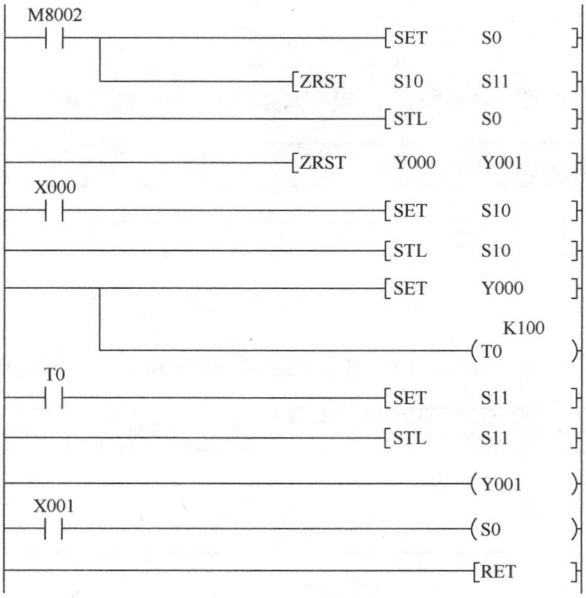

图 1-69　SFC 程序转换成的梯形图程序

上例是以单序列进行讲解，如果是选择序列或者并行序列，只要在开始进入分支的转移条件处加入相应的分支即可。如图 1-70 所示，若是在转移条件 0 处做选择序列，则单击标号 1 处，再单击标号 2（或按 F6 键），在弹出的对话框中单击"确定"按钮，如图 1-71 所示。若是并行序列，则单击标号 1 处，再单击标号 3 处（或按 F7 键），在弹出的对话框中单击"确定"按钮，如图 1-72 所示。

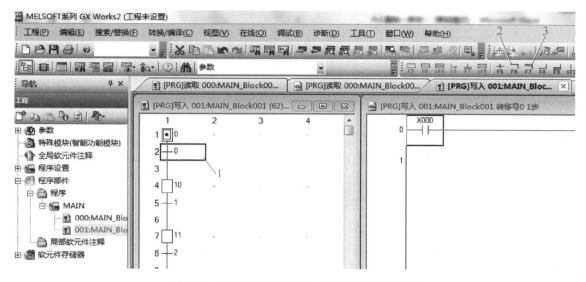

图 1-70　在单序列基础上增加选择序列和并行序列

这时，会看到原来的单序列流程有了选择分支或并行分支，然后按照之前介绍的方法在新增的序列下面添加步和转换条件，如图 1-73 所示。

图 1-71　选择序列开始

图 1-72　并行序列开始

各序列的步和转换条件添加完成后，将序列合并，如图 1-74 所示，如果是选择序列，则单击标号 1 处，再单击标号 2（或按 F8 键）；如果是并行序列，则单击标号 1 处，再单击标号 3 处（或按 F9 键）；在弹出的对话框中单击"确定"按钮，完成选择序列或并行序列的合并。

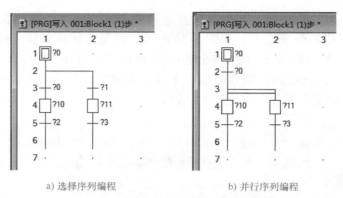

a) 选择序列编程   b) 并行序列编程

图 1-73 在选择序列和并行序列上增加步和转换条件

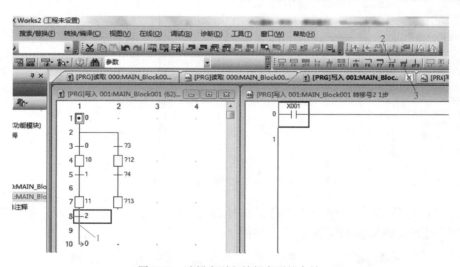

图 1-74 选择序列和并行序列的合并

完成后的选择序列和并行序列 SFC 如图 1-75 所示。

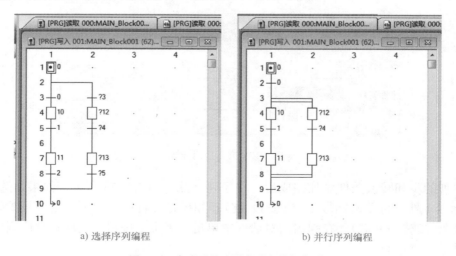

a) 选择序列编程   b) 并行序列编程

图 1-75 完成后的选择序列和并行序列

习　题

1.1　试说明 FX$_{3U}$-32MR/ES 的型号含义。

1.2　三菱 FX$_{3U}$ PLC 的面板指示灯 POWER 和 RUN 点亮代表了什么含义？

1.3　试画出三菱 FX$_{3U}$ 系列 PLC 的源型和漏型输入接线图，并说明两者有何不同。

1.4　FX$_{3U}$ 系列 PLC 的编程元件有哪些？它们分别用什么字母表示？

1.5　FX$_{3U}$ 系列 PLC 的定时器的时钟脉冲有几种？单个定时器最大定时时间是多少？

1.6　FX$_{3U}$ 系列 PLC 的计数器有几种？最大计数值是多少？

1.7　编程实现抢答器的控制，控制要求：抢答器可供 4 组选手使用，当主持人提出问题后，4 组选手必须按下抢答按钮，最快按下按钮者对应的指示灯亮，可回答问题，其他按下的按钮无效。回答完毕后，主持人会按下重置按钮，熄灭指示灯。

1.8　设计一个按钮计数控制程序，控制要求：当按下"加"计数按钮达 1s 以上时，计数值加 1；当按下"减"计数按钮达 2s 以上时，计数值减 1；若按下按钮时间未达到规定时间，则不计数；当计数值为 50 时，计数完毕，信号灯亮；当按下清零按钮时，将计数值清零，重新开始计数。

1.9　编写一段程序，实现 0～255 的计数。当 I0.0 为上升沿时，程序为加计数；当 I0.0 为下降沿时，程序为减计数。

1.10　试用顺序功能图编写一段程序，实现咖啡机的控制。控制要求：将 1 元硬币投入咖啡机，按下开始按钮，咖啡机弹出纸杯，打开加咖啡阀，将咖啡加入混合容器中，3s 后，关闭加咖啡阀，打开热水阀。当液位开关检测到热水时，关闭热水阀，同时打开搅拌电动机，30s 后，关闭搅拌电动机，打开咖啡流出阀，咖啡流入纸杯中，20s 后关闭咖啡流出阀。

1.11　试用顺序功能图编写一段程序，实现运料小车的控制。控制要求如下：

1）运料小车有三个工位，如图 1-76 所示。

2）它有两种工作方式，方式 1：小车在 A 站装料，10s 后向 B 站送料，到达 B 站卸料，5s 后继续前进到达 C 站送料，5s 后返回 A 站。方式 2：小车在 A 站装料，10s 后到达 B 站送料，10s 后返回 A 站继续装料，再到达 C 站卸料 10s 后，返回 A 站。

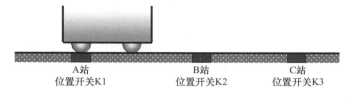

图 1-76　运料小车示意图

1.12　试用顺序功能图编写一段程序，实现人行道交通灯控制。控制要求：人行道两边各有两个按钮，当行人想过马路时按下任一一个按钮 SB1 或 SB2，交通灯开始工作，首先车道保持通行 5s 后，绿灯开始闪烁，3s 后，车道灯切换为黄灯，延时 2s 后切换为红色；同时人行道的交通灯变为绿色，此时行人可以通行，15s 后，人行道绿灯闪烁，提示即将禁止通行，3s 后人行道切换为红灯，车道同时切换为绿灯，完成一个控制流程，如

图 1-77 所示。

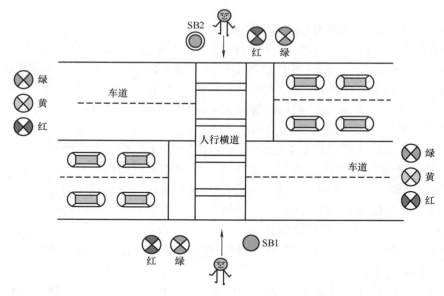

图 1-77   人行道交通灯示意图

1.13   试编写一段两台电动机手 / 自动运行控制程序。控制要求：当旋钮切换到手动工作方式时，两台电动机可以分别进行起停控制。当旋钮切换到自动工作方式时，按下起动按钮，M1 起动，5s 后 M2 起动；按下停止按钮，M2 先停止，8s 后 M1 停止。

第2章

三菱 GOT1000 触摸屏及应用

主要知识点及学习要求

1）了解三菱 GOT1000 触摸屏的型号含义及外部接口。
2）掌握三菱 GOT1000 触摸屏的画面设计方法。
3）掌握三菱 GOT1000 触摸屏的仿真与调试。

三菱触摸屏
简介

2.1 三菱触摸屏简介

2.1.1 三菱 GOT1000 触摸屏的型号及分类

触摸屏是目前 PLC 控制系统中最常用的一种人机交互方式。它具有使用直观方便、坚固耐用、响应速度快、节省空间及易于交流等优点。触摸屏的基本原理是用手指或其他物体触摸安装在显示器前端的触摸屏时，所触摸的位置（以坐标形式）由触摸屏控制器检测，并通过接口（如 RS-232 串行口）送到 CPU，从而确定输入的信息。触摸屏系统一般包括触摸屏控制器和触摸检测装置两部分。其中，触摸屏控制器的主要作用是从触摸检测装置上接收触摸信息，并将它转换成触点坐标，再送给 PLC，它同时能接收 PLC 发来的命令并加以执行。触摸检测装置一般安装在显示器的前端，主要作用是检测用户的触摸位置，并传送给触摸屏控制器。

按照触摸屏的工作原理和传输信息介质的不同，触摸屏可以分为电阻式触摸屏、电容式触摸屏、红外线式触摸屏、表面声波式触摸屏及近场成像（NFI）式触摸屏五种。每一类触摸屏都有其各自的优缺点，其中，电阻式触摸屏是一种对外界完全隔离的工作环境，不怕灰尘和水汽，它可以用任何物体来触摸，可以用来写字画画，比较适合工业控制领域。

三菱图形操作终端（Graphic Operation Terminal，GOT）是一种安装在控制面板或操作面板表面上并连接到可编程控制器的触摸屏，在其监视屏幕上可进行开关操作、指示灯、数据显示、信息显示和其他一些原本由操作面板执行的操作，而且可以监视各种设备的状态、改变 PLC 中的数据，如图 2-1 所示。

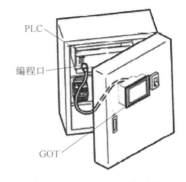

图 2-1　GOT 与 PLC 的连接

使用 GOT 可以设置各种功能，能够减少开关、指示灯等硬件类安装部件，使装置更加趋于小型化。通过 GOT 与 PLC 的通信连接可以省略繁琐而耗费成本的布线，在操作界面设计上更加灵活，能够轻松地实现图形显示、文本显示、报警显示等，因而可以提供更多的控制数据，便于人机交互。

三菱 GOT1000 产品系列分为 GT10、GT11、GT15 机型。GT10 外形小巧，表现力丰富，是浓缩了人机界面功能的基本机型；GT11 作为单机使用，是增强了基本性能的标准机型；GT15 从单机使用到网络，是涵盖广泛应用领域的高性能机型。GOT1000 型号含义如图 2-2 所示。

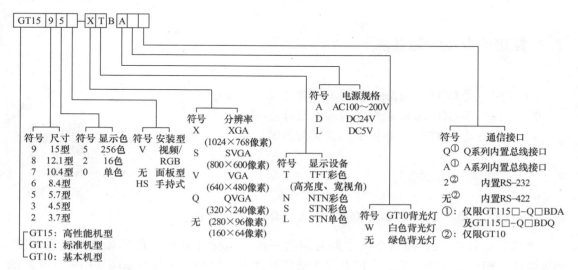

图 2-2　GOT1000 型号含义

2.1.2　GT1155 触摸屏硬件介绍

GT1155 是三菱公司 GOT1000 系列产品中的一员。图 2-3a 所示为 GT1155 触摸屏的前面板，它是一块分辨率 320×240 像素、高清晰度的 STN 液晶显示屏，其显示器尺寸为 5.7in[⊖]，可以连接三菱、欧姆龙、富士和西门子等多种型号的 PLC、运动控制器及变频器。前面板左下角为电源指示灯，电源正常供电时为绿灯，屏幕保护时为橙灯，背光灯熄灭时为橙色/绿色闪烁。图 2-3b 为 GT1155 触摸屏的背面及侧面接口。

GT1155 触摸屏硬件介绍

GT1155 的显示尺寸为 115mm×86mm，触摸键数为 300 个/画面，键尺寸最小为 16mm×16mm，同时按下点数最多为 2 点，使用寿命为 100 万次以上。内置 3MB 标准内存及 CF 卡，可实现 10 万次写入。内置 RS-422、RS-232 和 USB 三种接口，提高了触摸屏的通信能力。

作为可编程控制器的图形操作终端，GOT 必须与 PLC 联机使用，通过操作人员手指与触摸屏上的图形元件的接触发出指令或显示 PLC 运行中的各种信息。显示在 GOT 上的监视屏幕数据是在个人计算机上用专用的画面制作软件（GT Designer3）创建的。为了执

　⊖　1in = 25.4mm，后同。

行 GOT 的各种功能，首先在画面制作软件上通过粘贴一些开关图形、指示灯图形、数值显示等被称为对象的框图来创建屏幕；然后通过设置 PLC 的 CPU 中的元件（位、字）规定屏幕中的这些对象的动作；最后通过 RS-232C 电缆或 PC 卡（存储卡）将创建的监视屏幕数据传送到 GOT 中，如图 2-4 所示。

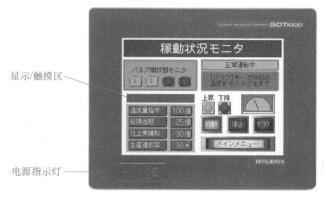

a) 正面面板

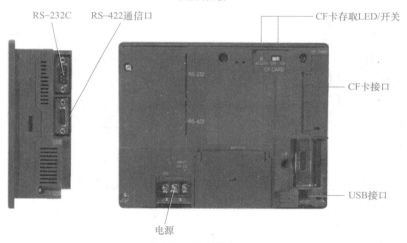

b) 背面面板及侧面接口

图 2-3　GT1155 的外形图

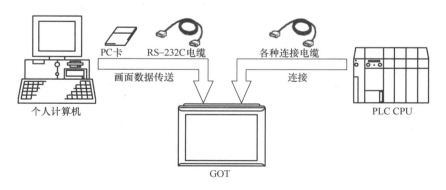

图 2-4　GOT 画面设计连接示意图

PLC 中的程序与触摸屏画面中各图形的关系如图 2-5 所示。

当触摸 GOT 的 "Run" 触摸键时，PLC 的位元件 "M0" 闭合，随后位元件 "Y010" 线圈也接通。如果此处的位元件 "Y010" 被作为 GOT 指示灯的监视元件图形来预设，GOT 指示灯将显示 ON（开启图形）。同时，"Y010" 的常开触点闭合，字单位数值 "123" 被存储至字元件 "D10" 中，如果监视元件被设置为字元件 "D10" 的 GOT 数值显示图形处，则会显示 "123"。

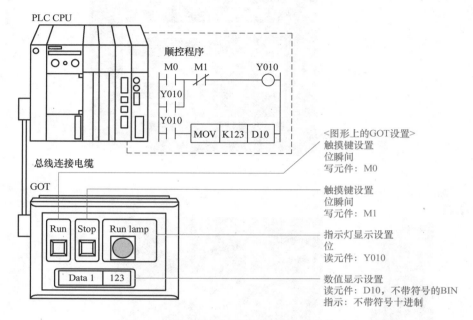

图 2-5　GOT 画面中各图形与 PLC 程序的关系图

当触摸 GOT 的 "Stop" 触摸键时，PLC 的位元件 "M1" 常闭触点断开，则 PLC 的位元件 "Y010" 被断开，GOT 的指示灯显示也被关闭。

GOT 的画面设计过程主要有以下几步：

1）使用监视画面创建绘图软件（GT Designer3）创建用于 GOT 显示的工程数据（画面数据、部件数据及报警设置等）。

2）通过 USB 电缆、RS-232 电缆、以太网电缆或 CF 卡将已创建的工程数据传送至 GOT。

3）连接 PLC 与触摸屏，开始监视。

2.1.3　主菜单的显示操作

当 GOT 未下载工程数据时，电源一旦开启，通知工程数据不存在的对话框就会显示。此时触摸 "OK" 按钮就会显示主菜单，如图 2-6 所示。

如果工程数据已下载，GOT 一上电就会显示用户创建的画面。此时要调出主菜单就需要触摸应用程序调用键。应用程序调用键可以通过 GOT 的应用程序画面或绘图软件 GT Designer3 设置。GT1155 出厂时，应用程序调用键被设置成同时按下 GOT 画面左上角和右上角两点，如图 2-7 所示。

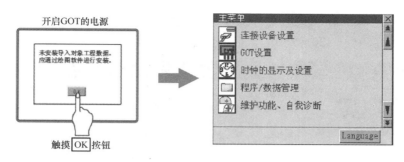

图 2-6 未下载工程数据时显示主菜单

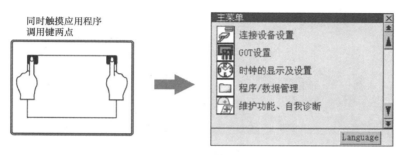

图 2-7 通过应用程序调用键显示主菜单

当主菜单画面显示后，可通过"▲"和"▼"按键来选择项目。触摸各菜单的项目部分，则会显示各设置画面以及下一项的选择画面。通过按"ESC"键可返回用户画面。主菜单各项目的设置方法参见 GT11 使用手册。

三菱 DT–Designer3 软件的使用

2.2 三菱 DT–Designer3 画面制作软件的使用

GT Designer3 画面制作软件是三菱电机公司开发的用于 GOT 图形终端显示屏幕制作的软件平台，支持所有的三菱图形终端。该软件功能强大，图形、对象工具丰富，操作简单易用，可方便地与各种 PLC、变频器连接。GT Designer3 创建好的工程可以写入 GOT，实现触摸屏的交互功能。

画面切换设计案例

2.2.1 软件界面构成

1. 软件的启动

将软件安装完成后，双击 GT Designer3 图标，启动 GT Designer3，即弹出工程选择对话框，可选择新建工程或打开已有的工程，如图 2-8 所示。

2. 新建工程并进行相关设置

选择"新建"命令，进入"工程

a) 图标

b) 工程选择对话框

图 2-8 GT Designer3 的初始界面

的新建向导"对话框,第一步进入"GOT系统设置"项,如图2-9所示。可设置GOT的类型为"GT11**-Q-C(320×240)",单击"下一步"按钮。

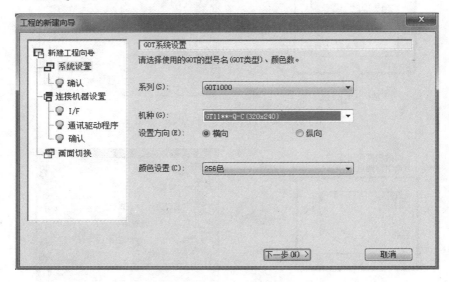

图2-9　GT Designer3 的 GOT 系统设置

第二步进入"连接机器设置"项,设置为"MELSEC-FX",如图2-10所示,单击"下一步"按钮。

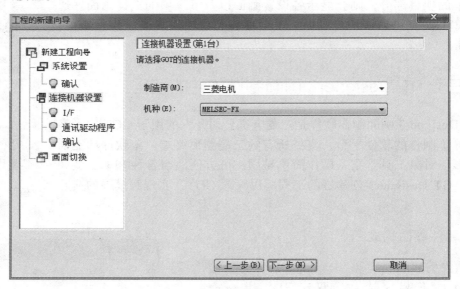

图2-10　连接机器设置

根据实际硬件配置情况选择接口和驱动程序,如图2-11和图2-12所示。设置完成后,即可进入画面编辑界面。

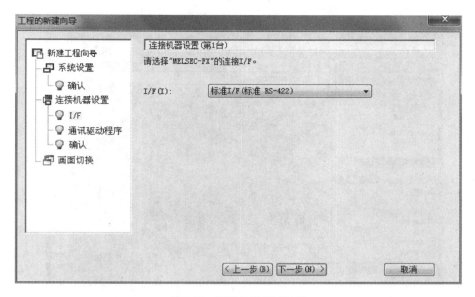

图 2-11　连接机器接口设置

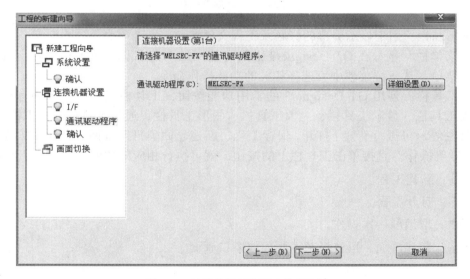

图 2-12　连接机器通信驱动程序设置

3. 保存工程并关闭工程

单击"工程"菜单，选择"保存"命令，输入文件名，选择保存路径，单击"确定"按钮。

单击"工程"菜单，选择"关闭"命令，即可关闭工程。

2.2.2　画面编辑界面介绍

当新建工程进行相关设置后，就可以进入画面编辑界面了，如图 2-13 所示。

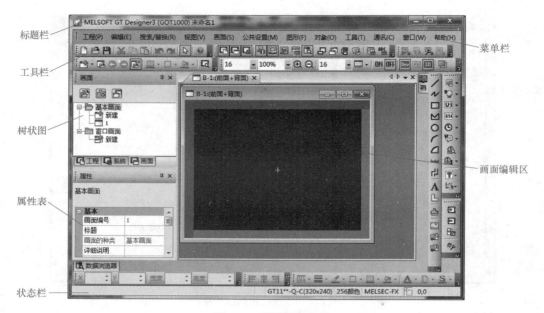

图 2-13　画面编辑界面

（1）标题栏　用于显示屏幕的标题及工程文件名。

（2）菜单栏　显示在 GT Designer3 上的可使用的功能名称。单击菜单名，就会出现一个下拉菜单，从下拉菜单中可选择相关的功能操作命令。

（3）工具栏　列出 GT Designer3 的常用功能按钮，工具栏很多，常用的有标准工具栏、画面工具栏、显示工具栏、对象工具栏、图形工具栏、通信工具栏、模拟器工具栏、排列工具栏等，可进行新建 / 打开 / 保存工程、新建画面、打开画面、剪切 / 复制 / 粘贴、撤消 / 重做等操作。直接单击工具栏上的按钮，就可执行相应的功能。常用的工具如下：

1）：新建工程。

2）：打开工程。

3）：取消前一次操作。

4）：新建画面，可选择基本画面或窗口画面。

5）：GOT 机种设置。

6）：连接机器设置。

7）：启动模拟器。

8）：模拟器设置。

9）ON：全部对象显示为 ON 时的状态。

10）OFF：全部对象显示为 OFF 时的状态。

11）：打开库一览表，可选择系统库中的对象，也可以创建用户自定义的库对象。

12）：开关对象，有 6 种类型可选，常用的有位开关、字开关和画面切换开关。

13）：指示灯对象，有 3 种类型可选，常用的有位指示灯、字指示灯。

14）123：数值输入 / 显示对象，有两种类型可选，数值输入或数值显示。

15）⏰：日期 / 时间对象，有两种类型可选，日期显示和时间显示。

16）🅰：文本输入。

17）⚡：通信设置，用于设置 PC 与 GOT 的连接方式。

18）➡：向 GOT 写入各种数据。

（4）画面编辑区　通过配置图形、对象，创建在 GOT 中显示的画面。

（5）树状图　树状图分为工程树、系统树、画面树，默认为画面树。

（6）属性表　可显示画面或图形、对象的设置一览表，并可进行编辑。

（7）状态栏　显示光标所指的菜单、图标的说明或 GT Designer3 的状态。

2.2.3　画面的编辑

以 GT1155 触摸屏为例，建立两个画面，一个是由开关指示灯构成的变频器多段速运行监控系统画面，如图 2-14 所示；另一个是由数据输入 / 输出构成的参数设定画面，如图 2-15 所示。表 2-1 为触摸屏画面编辑所需的软元件分配表。

1. 新建画面

进入 GX Designer3 会自动新建一个基本画面，即画面 1。单击"画面"菜单，选择"新建"→"基本画面"命令，打开画面属性对话框，单击"确定"按钮，即可完成画面 2 的建立。

2. 编辑画面 1

打开基本画面 1，单击"图形"菜单，选择"文本"命令，在编辑区单击，打开文本编辑对话框，输入"变频器多段速度运行监控系统"，如图 2-16 所示。在文本编辑对话框中，还可以对文本尺寸、文本颜色及字体等进行设置。

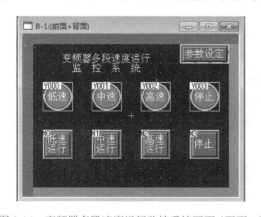
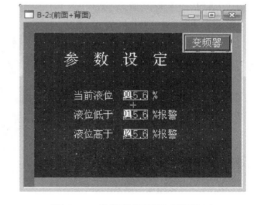

图 2-14　变频器多段速度运行监控系统画面（画面 1）　　　图 2-15　参数设定画面（画面 2）

表 2-1　触摸屏中的软元件分配表

	低速指示灯	Y000	低速运行按钮	M0
画面 1	中速指示灯	Y001	中速运行按钮	M1
	高速指示灯	Y002	高速运行按钮	M2
	停止指示灯	Y003	停止按钮	M3

（续）

画面 2	当前液位	D0	
	低液位报警点	D1	
	高液位报警点	D2	

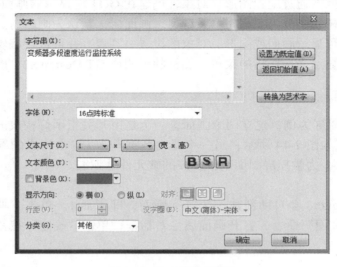

图 2-16　文本编辑对话框

　　单击"对象"菜单，选择"指示灯"→"位指示灯"命令，在编辑区处会出现一个十字，在空白处单击一下，就会出现一个指示灯，双击指示灯后，弹出位指示灯设置对话框，如图 2-17 所示。在"基本设置"→"软元件/样式"页面中选中 OFF 状态，在右侧"图形属性"项（标号 1）中选择指示灯在 OFF 状态下的颜色等，也可以在"图形"项（标号 2）的下拉列表中选择指示灯的样式，然后设置 ON 状态时的指示灯属性，操作方法与OFF 状态时相同。在"软元件"项（标号 3）输入该指示灯所连接的 PLC 变量 Y000。

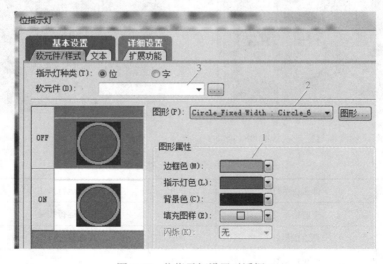

图 2-17　位指示灯设置对话框 1

进入"基本设置"→"文本"页面，在"字符串"文本框中输入"低速"，根据需要修改文本的颜色、位置、大小后，按"确定"按钮，低速指示灯设置完成，如图 2-18 所示。

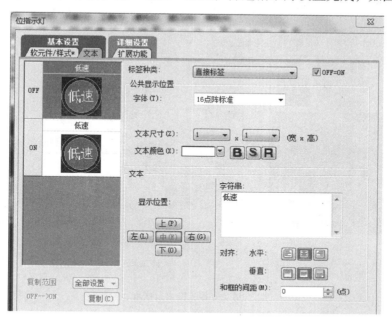

图 2-18　位指示灯设置对话框 2

"中速""高速""停止"指示灯同样设置，这里不再重复。

单击"对象"菜单，选择"开关"→"位开关"命令，在编辑区处会出现一个十字，在空白处单击一下，就会出现一个矩形，双击矩形后，弹出位开关设置对话框，如图 2-19 所示。在"基本设置"→"软元件"页面中，输入软元件编号"M0"，动作设置为点动；然后切换到"基本设置"→"文本"页，如图 2-20 所示，在字符串文本框中输入"低速运行"。在"基本设置"→"样式"页面中，还可以修改开关的颜色及样式，操作方法与指示灯相同，这里不再重复。"中速运行""高速运行""停止运行"按钮的设置与"低速运行"按钮设置相同，可使用复制粘贴操作提高编辑效率。

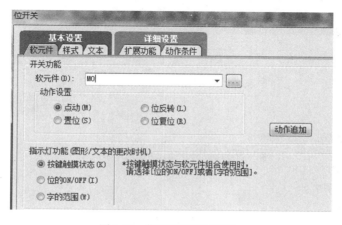

图 2-19　位开关设置对话框 1

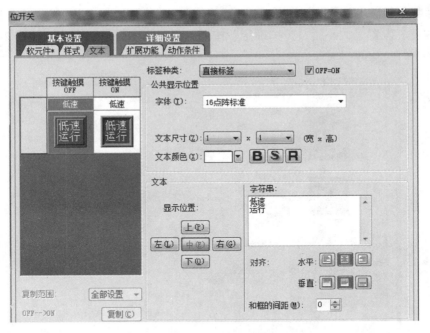

图 2-20　位开关设置对话框 2

再次单击"对象"菜单，选择"开关"→"画面切换开关"命令，在画面 1 右上角单击放置一个画面切换开关"参数设定"。双击这个画面切换开关，打开画面切换开关设置对话框，如图 2-21 所示。在"基本设置"→"设置切换目标"页中选择切换目标指定"固定画面"，画面编号为"2"；切换到"基本设置"→"文本"页面，在字符串文本框中输入"参数设定"，文本的设定方式与位开关相同，这里不再重复。

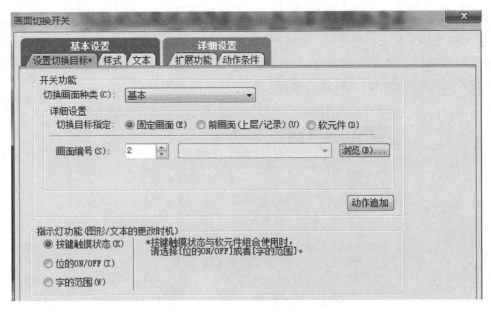

图 2-21　画面切换开关设置对话框

3. 编辑画面 2

按图 2-15 所示画面，将文本及画面切换开关编辑完成，然后单击"对象"菜单，选择"数值显示 / 输入"→"数值显示"命令，在编辑区已输入的文本"当前液位："旁单击，出现 012345，将其调整到合适的位置。双击 012345，出现数值显示对话框，如图 2-22 所示。标号 1 与标号 2 处可选择当前数值是显示还是输入，"数值显示"表示此数据为 PLC 输出数据，不能修改，"数值输入"表示此数据为输入数据，可以修改。在标号 3 处的文本框输入此数据所对应的 PLC 软元件 D0，也可打开软元件设置对话框进行设置。将软元件号设置完成后，在标号 4 处设置数值格式。当数值是整数时，此处空白，则默认为无小数位的整数；此处输入"###.#"，则数据显示为 3 位整数和 1 位小数的数值格式。例如，D0 = 5000，空白则显示"5000"，若输入"###.#"，则显示"500.0"，若输入"##.##"，则显示"50.00"。当数值是实数时，则此处不用设置，只要设置"显示位数"和"小数位数"即可。

将三个数据单元设置完毕，基本画面 2 就完成了。

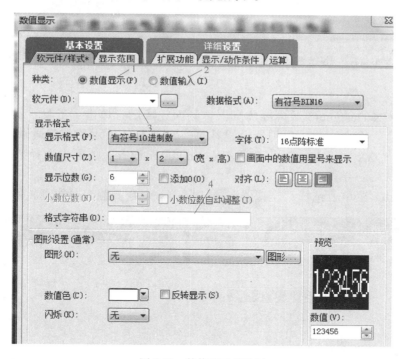

图 2-22　数值显示对话框

2.2.4　触摸屏仿真

要实现触摸屏的仿真，通常使用与 PLC 程序仿真联调的方式实现。仿真步骤如下：

（1）启动 GX Works2 中的 PLC 仿真器　将 GX Works2 中的 PLC 程序编写完成后单击图标"🖥"，起动仿真器，如图 2-23 所示。

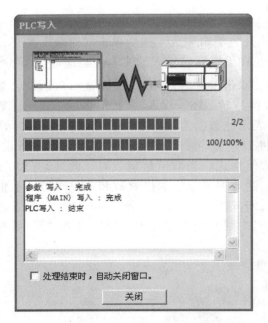

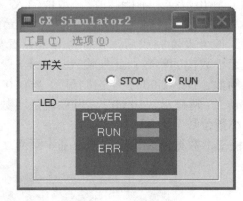

a) 仿真器模拟程序下载   b) 仿真器模拟PLC工作

图 2-23 启动 GXWorks2 的仿真工具

（2）启动 GX Designer3 触摸屏仿真器 画面完成后，单击"工具"菜单，选择"模拟器"→"设置"命令，进入模拟器设置界面，如图 2-24 所示，在"通讯设置"页面中，连接方法选择"GX Simulator2"，在"GX Simulator 设置"页面中选择"默认（END 电路）"。设置完成后，单击"确定"按钮。

单击"工具"菜单，选择"模拟器"→"启动"命令，触摸屏仿真软件启动。

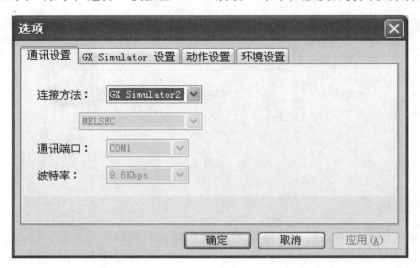

图 2-24 触摸屏仿真设置

2.2.5 触摸屏工程下载

在 GX Designer3 软件中单击"通讯"菜单，选择"写入到 GOT"命令，进行通信设置，如图 2-25 所示。若 PC 与触摸屏通信成功，则会显示"连接成功"提示。然后将编辑好的工程下载到 GT1155 触摸屏中，如图 2-26 所示。将基本画面与公共设置选中，下载完成后，可观察 GOT 是否显示正常。

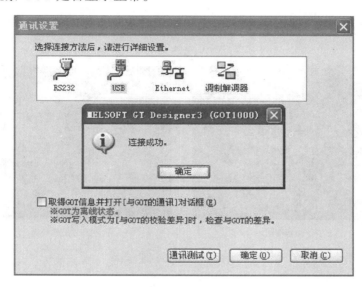

图 2-25 通信设置

图 2-26 "与 GOT 的通讯"对话框

习 题

2.1 电动机起停控制画面设计要求：

1）由初始画面和操作画面两个画面构成，如图 2-27 所示。

2）单击初始画面任意位置，都可进入操作画面，在操作画面按返回按钮可以回到初始画面。

3）在操作画面中按下起动按钮，电动机指示灯点亮，按下停止按钮，电动机指示灯熄灭。

a) 画面1(初始画面)

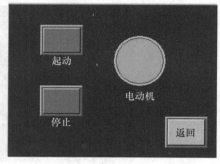

b) 画面2(操作画面)

图 2-27　题 2.1 图

2.2 使用 GX Designer3 设计第 1 章题 1.12 的触摸屏画面，并仿真运行。

2.3 使用 GX Designer3 设计第 1 章题 1.13 的触摸屏画面，并仿真运行。

第3章

运动控制基础知识

主要知识点及学习要求

1) 了解运动控制系统的发展过程及组成。
2) 了解调速及定位系统的构成及实现方法。
3) 掌握定位脉冲输出方式及脉冲当量的概念。
4) 会进行电子齿轮比计算。
5) 了解常用运动控制检测元件的工作原理及使用方法。

3.1 运动控制系统概述

3.1.1 运动控制系统的发展

运动控制系统是以机械运动的驱动设备——电动机为控制对象,以控制器为核心,以电力电子、功率变换装置为执行机构,在自动控制理论的指导下组成的电气传动控制系统。这类系统控制电动机的转速、转矩和转角,将电能转换为机械能,实现运动机械的运动要求。

运动控制系统广泛应用于工农业生产、交通运输、国防、航空航天、医疗卫生以及家用电器、消费电子产品中,例如数控机床、机器人、生产流水线、电路板测试、自行火炮火控系统、飞机机载雷达、人造心脏、自动织带机、晶片切割机等。

1. 运动控制系统的发展概况

运动控制系统的发展经历了从直流到交流,从开环到闭环,从模拟到数字,从基于PC的运动控制系统到基于网络的运动控制系统的发展过程。

(1) 从直流到交流运动控制系统 19世纪80年代前,直流传动是唯一的电气传动方式。19世纪末,交流电气传动出现在工业应用领域,但20世纪主要采用的仍然是直流调速系统。直到20世纪90年代,随着电力电子技术的发展,交流调速具备了宽调速范围、高稳定精度、快速动态响应等良好的性能,开始逐步取代直流调速系统。与交流调速系统相比,直流调速系统控制简单、调速性能好,到目前为止,仍然占有一席之地。

(2) 从开环到闭环运动控制系统 从开环到闭环是控制系统发展的必然趋势。直流运动控制系统的闭环控制是交流运动控制系统的基础。在要求成本低、控制精度不高的场合,大多采用开环控制模式。新一代的全数字通用变频器可以组成恒压频比的开环调速运动控制系统，这种系统具有较硬的机械特性和较好的调速性能，可满足大部分中小型生产机械的调速要求。为了实现系统的稳定、可靠及高精度，运动控制必须实现系统的闭环控制。常用的闭环控制主要有矢量控制和直接转矩控制。

（3）从模拟到数字运动控制系统　进入20世纪80年代，微电子技术快速发展，电路的集成度越来越高，对运动控制系统产生了很重要的影响。运动控制系统的控制方式迅速向计算机控制方向发展，并由硬件控制转向软件控制。目前，运动控制系统的数字控制大都是采用硬件与软件相结合的控制方式，其中软件控制方式一般是利用微处理器实现的。它能明显地降低控制器硬件成本，显著改善控制的可靠性，稳定性好，可靠性高。采用微处理器的数字控制使信息的双向传递能力大大增强，容易与上位机系统联网，随时改变控制参数，同时提高了信息存储、监控、诊断以及分级控制的能力，使运动系统更趋于智能化。

（4）从基于PC的运动控制系统到基于网络的运动控制系统　基于PC的运动控制系统是目前使用最多的运动控制系统，许多科研院所开发的运动控制卡，可以协调多轴运动控制系统，使得系统具有良好的控制性能。随着网络技术的迅猛发展，互联网正把全世界的计算机系统、通信系统等逐渐集成起来。将运动控制技术与网络技术有机结合，即开发基于网络的运动控制技术，有助于充分利用现有丰富的软硬件资源及共享的互联网资源改造传统数控装备制造业，为高科技产品的开发奠定关键技术基础。这项技术在国内外尚处于起步阶段。

运动控制系统的发展历史见表3-1。

表3-1　运动控制系统的发展历史

阶段	分类	主要技术特征
早期	模拟	步进控制器＋步进电动机＋电液脉冲马达
20世纪70年代	直流模拟	基于微处理器技术的控制器＋大惯量直流电动机
20世纪80年代	交流模拟	基于微处理器技术的控制器＋模拟式交流伺服系统
20世纪90年代	数字化初级	数字/模拟/脉冲混合控制，通用计算机控制器＋脉冲控制式数字交流伺服系统
21世纪至今	全数字化	基于PC的控制器＋网络数字通信＋数字伺服系统

2. 运动控制系统的发展趋势

随着电力电子技术、计算机技术和自动控制技术等的快速发展，运动控制系统的发展趋势主要体现在以下几个方面。

（1）更小体积　更小的体积，意味着可以在单位空间内放置更多运动控制部件，这是提升设备自动化、完成更多精细动作的基础。不仅仅是单台设备体积的优化，也出现在使多轴系统的硬件空间进一步优化。

（2）更少接线　更少的接线意味着三点：提升设备工程实施效率；提升设备的EMC稳定性；减小设备体积。为了实现这一目标，必须实现网络化和集成化。将不同制造商的产品集成在同一平台，各产品有标准的通信接口和网络通信协议，以便通过运动控制总线技术实现与其他控制设备的互联。

（3）更少部件　部件的减少意味着运动控制系统更加"集成"，用更少的部件实现更多的功能，借此在有限的空间内提升设备自动化程度。这几年出现的"集成驱动电动机"产品，极大地减小了盘柜空间和数量，更少的部件不仅仅体现在电气控制元器件方面，更体现在运动传动机械部件上。

（4）更强控制　随着设备同步轴数的增加，需要新型高速微处理器和专用信号处理器DSP以更快的速度处理更多的动作算法。将原来用硬件实现的伺服控制变成用软件实现的伺服控制，使控制性能得到改善，更便于控制功能的实现。例如，采用 NURBS 样条函数、多阶多项式的插补技术，采用前馈控制算法、模糊控制算法、神经网络控制算法等。各种辨识技术被应用于运动控制系统中，极大地改善了控制系统的控制性能，为复杂的多层网络控制提供了基础。

（5）更易用　从工程实施和维护的角度看，设备运动控制功能的增加必然带来大量的工程和维护的时间、成本。因此，需要运动控制系统在配置、编程和调试中更加智能。例如，具有参数记忆功能、闭环控制系统的参数自整定功能、故障自诊断和分析功能等。

（6）大数据和云计算　随着运动功能的增加，运动控制设备的数据将以几何倍数增加，设备各个动作的运行曲线以及它们之间的相关性、步序的合理性、生产运行流程以及它们和设备运维、企业经济效益等数据之间的关联性，都使得运动控制部件不再是单独孤立的产品和系统，而是融合到万物互联的智能网络中，成为智能设备终端组件的一员。

3.1.2　运动控制系统的组成

运动控制系统通常由电动机、驱动器、控制器、检测装置、机械装置及上位机等部分组成，如图 3-1 所示。通过运动控制系统可以实现精确的位置、速度、加速度及力矩的控制。

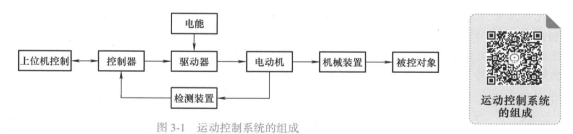

图 3-1　运动控制系统的组成

（1）电动机　电动机是运动控制系统的重要组成部分，其执行能力的好坏将决定整个运动控制系统的控制特性。常见的运动控制电动机有直流电动机、交流电动机、步进电动机及伺服电动机。直流电动机和交流电动机主要用于调速控制。直流电动机具有调速性能好、控制简单的特点，但换向器和电刷维护困难。和直流电动机相比，交流电动机结构简单、维护容易，随着变频调速技术的发展，交流电动机在调速性能上得到了提高，有逐步取代直流电动机的趋势。步进电动机和伺服电动机主要用于定位控制。

（2）驱动器　驱动器根据控制器发出的指令驱动电动机按照一定的速度和位置要求工作。根据电动机类型的不同，驱动器也分为不同的种类，常见的类型有晶体管放大驱动器、直流驱动器及交流驱动器、变频器等。例如，三菱的 FR-E740 变频器、MR-J3 伺服驱动器等。

（3）控制器　控制器根据检测装置反馈的数据不断计算速度或位置值，并向驱动器发出控制指令，保证运动控制系统按照设定的速度或轨迹动作。常用的运动控制器有运动控制卡、PLC 控制器及 CNC 控制器。

（4）检测装置　检测装置负责将运动控制系统的负载运动状态反馈给控制器，它是影响系统精度的重要因素。常用的检测装置有编码器、测速发电机、旋转变压器、光栅直尺等。

（5）机械装置　机械装置主要用于连接电动机与负载，它可以完成负载要求的运动轨迹。例如，通过滚珠丝杠实现直线运动，通过齿轮箱实现减速运动等。

（6）上位机　上位机可以实现人机交互。通过上位机可以给运动控制器编写程序，还可以对运动控制装置进行监控。

3.1.3　常用运动控制系统的构成

常用的运动控制系统可分为两大类：调速系统和定位控制系统。调速系统分为直流调速系统和交流调速系统。定位控制系统主要是针对步进电动机及伺服电动机的位置控制。这里按控制单元的主要类型介绍运动控制系统的构成方案。

按照控制单元类型的不同，主要分为四种：由单片机等构成的运动控制系统、由 PC 机 + 运动控制卡等构成的运动控制系统、由 PLC 等构成的运动控制系统、专用运动控制系统。

（1）由单片机等构成的运动控制系统　这种控制系统由单片机芯片、外围扩展芯片和外围电路等组成。在位置控制方式下，通过单片机的 I/O 口输出数字脉冲信号来控制执行机构运动；在速度控制方式下，需要加 D/A 转换模块输出模拟量信号来实现。这种方案的优点是成本较低，但由于一般单片机 I/O 口产生脉冲频率较低，对于分辨率高的执行机构尤其是对于控制伺服电动机来说，存在速度跟不上、控制精度有限等缺点。对于运动控制复杂的场合，如多轴联动，直线插补、圆弧插补等功能，都需要用户自己编写相应算法，这会增加开发的难度，开发周期较长，调试过程麻烦，不容易扩展功能。因此，这种方案一般适用于运动控制系统功能较简单、产品批量较大，且单片机系统开发经验较丰富的用户。

（2）由 PC 机 + 运动控制卡等构成的运动控制系统　采用 PC 机 + 运动控制卡作为控制器已成为伺服控制系统的一个重要控制方案。这种方案能充分利用计算机资源，可用于运动过程、运动轨迹都比较复杂且柔性比较强的机器和设备。从用户使用的角度来看，运动控制卡的功能决定了这种运动控制系统的使用难度。从运动控制卡的主控芯片类型来看，一般有三种形式，即单片机、专用运动控制芯片、DSP（Digital Signal Process）。以单片机为主控芯片的运动控制卡的成本较低，但外围电路较为复杂，一般用于控制步进电动机。以专用运动控制芯片作为主控芯片的运动控制卡成本较高，但其运动控制功能由硬件电路实现，而且集成度高，可靠性、实时性好，可满足步进电动机及数字式伺服电动机的控制要求。以 DSP 为主控芯片的运动控制卡有强大的计算能力，能够完成非常复杂的运动轨迹的运算，常用于工业机器人的运动控制。

（3）由 PLC 等构成的运动控制系统　目前，很多品牌的 PLC 本机都具有定位控制的功能指令，也配套有专用的定位控制模块，可以作为运动控制系统中的控制器使用。使用 PLC 构成的运动控制系统还可以同时完成顺序控制、开关控制等，且 PLC 采用梯形图编程，对开发人员来说非常友好。但是，由于 PLC 输出脉冲的频率有限，对高速、高精度、多轴联动、高速插补等操作是有难度的。因此，这种系统主要用于运动过程不是特别复杂、运动轨迹相对固定的设备。

（4）专用运动控制系统 这里主要是指专用的数控系统，一般都是针对于专用设备，如数控车床、数控铣床等。它集成了计算机的核心部件、I/O 接口及专用的软件，用户使用非常方便，不需要进行二次开发，如西门子、发那科等公司生产的数控系统。

3.2 交直流调速系统

将调节电动机转速以适应生产要求的过程称为调速。在运动控制系统中，对速度的调节是其重要的应用之一。用于完成这一功能的自动控制系统被称为调速系统。目前调速系统分交流调速系统和直流调速系统两大类。由于直流调速系统调速范围广、静差率小、稳定性好以及具有良好的动态性能，因此在相当长的时期内，高性能的调速系统几乎都采用了直流调速系统。近年来，交流调速系统发展很快，已有取代直流调速系统的趋势。

3.2.1 直流调速系统

（1）直流调速系统的调速方法 直流他励电动机的转速公式可表示如下：

$$n = \frac{U_d - I_d R_d}{K_e \Phi} \tag{3-1}$$

式中，n 为转速；U_d 为电枢电压；I_d 为电枢电流；R_d 为电枢回路电阻；K_e 为电动势常数；Φ 为磁通量。

由式（3-1）可见，直流电动机的调速方法有三种：

1）改变电枢电压——调压调速。

2）改变电枢回路电阻——串电阻调速。

3）改变励磁磁通——弱磁调速。

对于要求在一定范围内无级平滑调速的系统来说，以调节电枢电压方式为最好，调压调速是调速系统采用的主要调速方式。该调速方式需要有专门的、连续可调的直流电源供电。根据系统供电形式的不同，调压调速系统可分为旋转变流机组系统（G-M 系统）、晶闸管可控整流系统（V-M 系统）、直流脉宽调速系统（PWM 系统）三种。

（2）对直流调速系统的要求 各类不同的生产机械，由于其具体的生产工艺过程不同，对控制系统的性能要求也是不同的。归纳起来主要有以下三个方面。

1）调速。在一定的范围内实现有级或无级地调节转速。调速系统的转向若要求正、反转，则为可逆调速系统，若只要求单向运转，则为不可逆调速系统。

2）稳速。以一定的精度在要求的转速上稳定运行，尽可能不受外部或内部扰动的影响，以确保产品质量。

3）良好的起、制动性能。对于频繁起、制动的设备，要求尽可能快地加、减速，以提高生产效率。不宜经受剧烈速度变化的机械则要求起、制动尽可能地平稳。

（3）常见的直流调速系统

1）开环调速系统。直流开环调速系统的主电路由三相全控整流装置、电抗器 L 以及直流电动机 M 组成。通过调节触发装置的控制电压 U_{ct} 来移动触发脉冲的相位，即可以改变变流器输出电压 U_d，从而实现平滑调速，其原理图如图 3-2 所示。

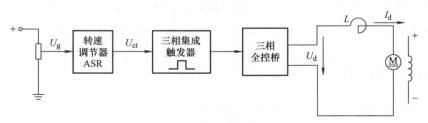

图 3-2　直流开环调速系统原理图

开环调速系统可实现一定范围的无级调速，而且开环调速系统的结构简单，但在实际中许多要求无级调速的工作机械常要求较高的调速性能指标，开环调速系统往往不能满足高性能工作机械对性能指标的要求。

开环调速系统不能满足静态调速指标的原因是静态速降太大，即负载变化时，转速变化太大。根据反馈控制原理，要稳定哪个参数，就引入哪个参数的负反馈与恒值给定相比较，构成闭环系统，因此必须引入转速负反馈构成闭环调速系统。

2）单闭环调速系统。带转速负反馈的单闭环直流调速系统的原理图如图 3-3 所示，主要由转速调节器、三相集成脉冲触发器、三相全控桥、电动机主电路、测速环节等构成。

在图 3-3 中，通过测速环节引出与被调量转速 n 成正比的负反馈电压 U_n，与给定电压 U_n^* 相减后，得到转速偏差电压 $\Delta U_n = U_n^* - U_n$；经过转速调节器 ASR 产生三相全控桥所需要的控制电压 U_{ct}，使得三相全控桥输出可控的直流电压 U_d，该电压即是直流电动机等效电路的主电路电压，用以控制直流电动机的转速 n，从而构成转速负反馈控制的闭环直流调速系统。

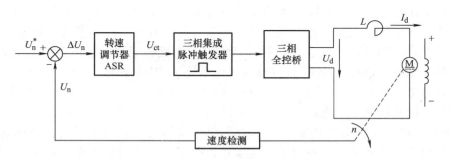

图 3-3　带转速负反馈的单闭环直流调速系统原理图

根据自动控制原理中按偏差调节的闭环控制规律，当负载增加时，转速 n 随之降低，反馈电压 U_n 的值将减小，偏差 $\Delta U_n = U_n^* - U_n$ 将增大，控制电压 U_{ct} 增大，直流电压 U_d 增大，则电动机的转速将上升，最终又回到原来运行的转速上，维持了转速稳定。

转速负反馈调速系统既实现了系统的稳定运行和无静差调速，又限制了起动时的最大电流。这对于一般要求不太高的调速系统，已基本上满足要求了。但是，如果对系统的动态性能要求较高，例如要求快速起、制动，单闭环系统就难以满足需要，这时可采用转速、电流双闭环系统来改善调速性能。

3）直流脉宽调速系统。PWM 控制技术，就是对脉冲宽度进行调制的技术。其基本原理是利用电力电子器件的导通和关断将恒定直流电压转换成直流脉冲序列，并通过控制脉冲的宽度或周期达到改变电压的目的，从而改变输出电压平均值的一种功率变换技术。随着全控型器件的不断发展和 PWM 技术的日益完善，PWM 控制技术目前已广泛应用于变频调速和开关电子领域。

直流电动机调速系统采用 PWM 控制技术直接将恒定的直流电压调制成可改变大小和极性的直流电压，以此作为直流电动机的电枢端电压，实现调速系统的平滑调速。它广泛地应用于中小功率的调速系统中，其主电路采用 PWM 变换器（即直流斩波器）。脉宽调制型调速控制系统的原理示意图及其输出电压波形如图 3-4 所示。

与 V-M 直流调速系统相比，直流 PWM 调速系统的优点如下：

① 主电路线路简单，需用的功率器件少。

② 开关频率高，电流容易连续，谐波少，电动机损耗及发热都较小。

③ 低速性能好，稳速精度高，调速范围宽。

④ 若与快速响应的电动机配合，则控制系统的频带宽，动态响应快，动态抗扰能力强。

⑤ 功率开关器件工作在开关状态，导通损耗小，当开关频率适当时，开关损耗也不大，因而装置效率较高。

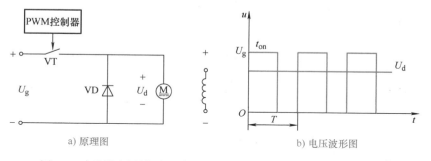

a) 原理图　　　　　　　　　　　b) 电压波形图

图 3-4　直流脉宽调制型调速控制系统原理示意图及其输出电压波形图

3.2.2　交流调速系统

交流电动机比直流电动机经济耐用得多，因而被广泛应用于各行各业，是一种量大面广的传统产品。在实际应用场合，往往要求电动机能随意调节转速，以便获得满意的使用效果，但交流电动机在这方面比直流电动机就逊色得多，于是不得不借助其他手段达到调速目的。三相异步电动机的转速特性表达式为

$$n = n_1(1-s) = \frac{60 f_1}{p}(1-s) \tag{3-2}$$

其中，n 为电动机的转速；n_1 为旋转磁场转速；p 为磁极对数；s 为转差率。

根据式（3-2）可知，交流调速方式有三大类：频率调节、磁极对数调节和转差率调节。由此出现了目前常用的几种调速方法：变极调速、调压调速、电磁调速、变频调速、液力耦合器调速及齿轮调速等，如图3-5所示。

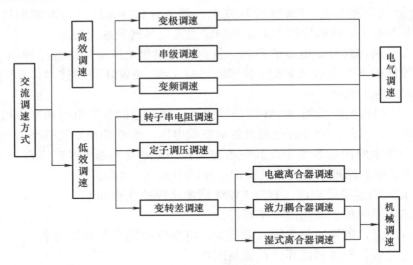

图 3-5　交流调速方式

基于节能角度，通常把交流调速分为高效调速和低效调速。高效调速指基本上不增加转差损耗的调速方式，即在调节电动机转速时转差率基本不变，不增加转差损失，或将转差功率以电能的形式回馈电网或以机械能的形式回馈机轴；低效调速则存在附加转差损失，在相同调速工况下，其节能效果低于高效调速方式。

高效调速方式主要有变极调速、串级调速和变频调速；低效调速方式主要有变转差调速（包括电磁离合器调速、液力耦合器调速、湿式离合器调速）、转子串电阻调速和定子调压调速。其中，液力耦合器调速和湿式离合器调速属于机械调速，其他均属于电气调速。变极调速和变转差调速方式适用于笼型异步电动机，串级调速和转子串电阻调速方式适用于绕线转子异步电动机，定子调压调速和变频调速既适用于笼型异步电动机，也适用于绕线转子异步电动机。变频调速和机械调速还可用于同步电动机。

液力耦合器调速技术属于机械调速范畴，它是将匹配合适的调速型液力耦合器安装在常规的交流电动机和负载（风机、水泵或压缩机）之间，从电动机输入转速，通过耦合器工作腔中高速循环流动的液体向负载传递力矩和输出转速，只要改变工作腔中液体的充满程度，即可调节输出转速。

湿式离合器调速是指利用湿式离合器作为动力传递装置完成转速调节的调速方式，属于机械调速。湿式离合器是利用两组摩擦片之间的接触来传递功率的一种机械设备，同液力耦合器一样被安装在笼型异步电动机与工作机械之间，在电动机低速运行的情况下利用两组摩擦片之间摩擦力的变化无级地调节工作机械的转速，由于它存在转差损耗，因而属于低效调速方式。

各种调速方式的特点见表3-2。

表 3-2　交流电动机各种调速方式的特点

调速方式	转子串电阻	定子调压	电磁离合器	液力耦合器	湿式离合器	变极	串级	变频
实现方法	改变转子回路串入的电阻	改变定子输入电压	改变离合器励磁电流	改变耦合器工作腔充油量	改变离合器摩擦片间隙	改变定子磁极对数	改变逆变器的逆变角	改变定子输入频率和电压
调速性质	有级	无级	无级	无级	无级	有级	无级	无级
调速范围	50%～100%	80%～100%	10%～80%	30%～97%	20%～100%	2、3、4 档	50%～100%	5%～100%
响应能力	差	快	较快	差	差	快	快	快
电网干扰	无	大	无	无	无	无	较大	有
节能效果	中	中	中	中	中	高	高	高
初始投资	低	较低	较高	中	较低	低	中	高
故障处理	停机	不停机	停机	停机	停机	停机	停机	不停机
安装条件	易	易	较易	场地	场地	易	易	易
适用范围	绕线转子异步电动机	绕线转子异步电动机，笼型异步电动机	笼型异步电动机	笼型异步电动机，同步电动机	笼型异步电动机，同步电动机	笼型异步电动机	绕线转子异步电动机	异步电动机，同步电动机

3.3　定位控制简介

3.3.1　定位控制方式

定位控制是指当控制器发出控制指令后使运动物体按指定速度完成指定方向上的指定位移。定位控制应用广泛，如机床工作台的移动，立体仓库的操作机取货，各种包装机械及输送机械等。早期的定位控制是利用限位开关实现的。在需要停止的位置安装限位开关（如行程开关、光电开关等），当运动物体在运动过程中碰到限位开关时便切断电动机的电源，使工作台停止，如图 3-6 所示。

这种定位方式较简单，仅需要限位开关即可，缺点是精度极差，由于断电后自由滑行，停止时间由惯性决定。即使添加制动装置以提高定位精度，仍不能满足要求，并且维护不便。

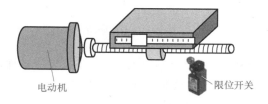

电动机　　　　　　　限位开关

图 3-6　用限位开关实现的定位控制

当变频器出现后，很多人采用变频器来提高定位精度，利用变频器的多段速功能在低速时停止，系统惯性大大降低，定位精度也有了很大的提高。变频器减速停止定位精度可达 ±（0.5～5）mm，如图 3-7 所示。

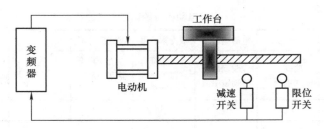

图 3-7　变频器双速控制实现定位控制

当工作台运动时，碰到减速开关，变频器驱动电动机由高速切换到低速运行，当碰到限位开关时，电动机切断电源，利用自由滑行停止。为了使用 PLC 编程实现对系统的控制，取消限位开关，可在电动机转轴上安装编码器，编码器将位移信号转换成脉冲信号送入 PLC 的高速计数口，PLC 就可以通过程序实现高、中、低速切换，使用十分方便，如图 3-8 所示。

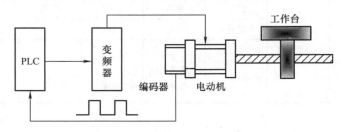

图 3-8　PLC 编码器高速计数实现定位控制

以上三种控制都是以速度控制方式实现定位，定位精度与自由滑行时间及负荷大小等因素有关，无法进一步提高定位精度。

随着步进电动机和伺服电动机的出现，位置控制方式被采用，定位精度得到了大幅提升，如图 3-9 所示。

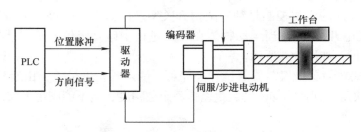

图 3-9　位置方式定位控制示意图

步进电动机和伺服电动机是严格按照控制信号的要求完成动作的，当控制信号消失后，电动机会立即停止。使用步进电动机或伺服电动机代替普通交流电动机，使用步进或伺服驱动器代替变频器，通过 PLC 向驱动器发出脉冲及方向驱动信号，控制步进电动机或伺服电动机完成定位控制。为了提高控制精度，通过编码器将电动机的运行状态（速度及位移）传送至驱动器，驱动器将编码器采集的当前状态与 PLC 发出的控制信号进行比较，当偏差为零时，停止电动机的运行，即位置控制实现了一个闭环控制。这种闭环控制方式可根据当前定位运行实际情况对步进电动机或伺服电动机进行连续调节，以达到精确定位。

3.3.2 PLC 定位控制系统的组成

PLC 作为一种特殊的工业计算机，在计算能力、响应速度、通信联网、灵活性及可维护性等方面的优点，使其在运动控制系统中作为控制器得到了广泛的应用。

PLC 作为运动控制系统的控制器有如下优点：

1）能提供一轴或多轴的高速脉冲输出及高速脉冲计数器。

2）提供了多种脉冲输出指令或定位控制指令，使编写定位控制程序十分简便。

3）与步进驱动器或伺服驱动器的硬件连接电路十分简单。

PLC 控制步进电动机或伺服电动机实现定位控制主要有通过数字 I/O 方式进行控制、通过模拟量输出方式进行控制、通过通信方式进行控制和通过高速脉冲方式进行控制。其中，通过输出高速脉冲方式进行定位控制是目前比较常用的方式。这种控制方式又分为以下三种控制模式。

（1）开环控制 当使用步进电动机进行位置控制时，由于步进电动机没有反馈元件，因此这种控制通常是开环控制，如图 3-10 所示。

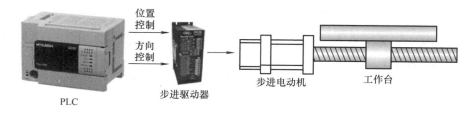

图 3-10 开环控制方式

步进电动机是一种用于控制的特种电动机，无累积误差，广泛应用于各种开环控制。只要通过 PLC 输出位置控制所需要的脉冲信号和方向信号，驱动器就可以带动步进电动机工作。PLC 输出脉冲的数量决定了步进电动机转动的角度，也就决定了工作台运动的距离。PLC 输出脉冲的频率决定了步进电动机的转速，即控制工作台的运动速度。当步进电动机在较高转速或带大惯性负载时，可能出现失步现象，这就会影响控制精度。

（2）半闭环控制 当使用伺服电动机作为定位控制的执行元件时，伺服电动机都带有一个同轴的编码器。当伺服电动机工作时，编码器会产生脉冲，用来反映伺服电动机当前的工作状态。利用编码器的输出信号将其反馈给伺服驱动器，构成闭环，PLC 只负责发送高速脉冲给驱动器，这就是半闭环控制，如图 3-11 所示。

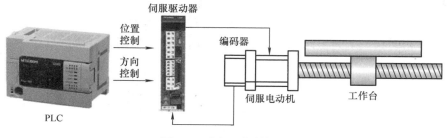

图 3-11 半闭环控制方式

　　这种控制方式简单且精度高,适用于大部分定位控制。由于编码器反馈的信号不是工作台真正的位移量,因此当传动机构出现误差时,无法进行检测及补偿。

　　(3)全闭环控制　在半闭环控制的基础上将工作台实际位移量通过检测装置直接反馈到 PLC 上,就可以进行更精确的控制,避免了半闭环控制的缺点,如图 3-12 所示。

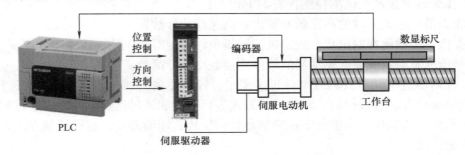

图 3-12　全闭环控制方式

3.3.3　定位控制脉冲的输出方式

　　在定位控制中,无论是步进电动机还是伺服电动机,都是采用脉冲信号作为定位控制信号的,其优点如下:

　　1)系统的精度高且可以控制,这是模拟量控制无法做到的。

　　2)抗干扰能力强,只要适当提高脉冲信号电平,就可消除绝大多数干扰,而模拟量在低电平时抗干扰能力较差。

　　3)成本低,控制方便。通过调节高速脉冲频率和输出脉冲数就可以很方便地控制运行的速度及位移。

　　常用的脉冲控制方式有以下四种。

　　(1)脉冲 + 方向控制　这种控制方式是:一路控制信号输出高速脉冲,其频率控制运动的速度,其数量控制运动的位移;另一路信号控制运动的方向。如图 3-13 所示。

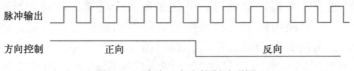

图 3-13　脉冲 + 方向控制波形图

　　这种控制方式的优点是只需要一个高速脉冲输出口。

　　(2)正 / 反向脉冲控制　这种控制方式是通过两个高速脉冲分别控制正、反向运动,两个脉冲频率相同,一个为正向脉冲,一个为反向脉冲,如图 3-14 所示。

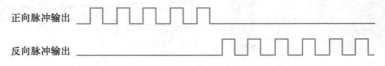

图 3-14　正 / 反向脉冲控制波形图

　　这种控制方式需要占用两个高速脉冲输出口,通常使用在定位模块或定位单元控制的系统中。由于 PLC 基本单元的高速脉冲输出口很少，因此，一般 PLC 基本单元中很少采用这种控制方式，大多数采用脉冲 + 方向的控制方式。

（3）双相（A-B）脉冲控制   这种控制方式也需要两个高速脉冲输出口，但脉冲输出方式与正 / 反向脉冲控制不同。它是由两组高速脉冲发出时的相位关系决定运动方向的控制，如图 3-15 所示。当 A 相超前 B 相 90° 相位角时，为正向运动；当 B 相超前 A 相 90° 相位角时，为反向运动。

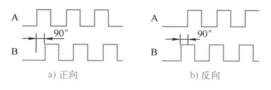

a) 正向   b) 反向

图 3-15   双相脉冲控制波形图

（4）差分驱动脉冲控制   前三种方式在电路结构上无论采用集电极开路输出还是电压输出电路，其本质都是一种单端输出信号。差分信号也是通过两根线传输信号的，但这两个信号的振幅相等，相位相反，因而称为差分信号。当差分信号送到接收端时，接收端通过比较这两个信号的差值来判断是 "0" 还是 "1"，如图 3-16 所示。当采用差分信号输出时，接收端也必须为差分结构。

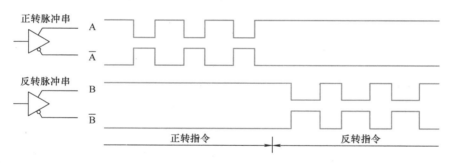

图 3-16   差分驱动脉冲控制波形图

差分驱动控制的优点是抗干扰能力强，能有效抑制电磁干扰（EMI），逻辑值受信号幅值变化影响小，传输距离长（10m）。差分信号的每路控制信号都需要两个脉冲输出口，故在 PLC 基本单元中很少采用。需要注意的是，差分信号也有两种输出控制方式：脉冲 + 方向和正 / 反向脉冲输出。

3.4   脉冲当量与电子齿轮比

3.4.1   脉冲当量

定位控制系统在进行加工控制时，加工精度是一个非常重要的指标。在由 PLC 构成的定位控制系统中，是通过 PLC 发出的脉冲信号进行位置控制的，因此，这种情况下，定位控制的精度由脉冲当量来表示。

脉冲当量定义为控制器输出一个定位脉冲时所产生的位移量。对直线运动来说是指移动的距离，对圆周运动来说是旋转的角度。脉冲当量的单位一般用 μm/PLS 或 deg/PLS 表示。脉冲当量越小，表示定位精度越高。如何进行脉冲当量的计算？下面来看几个实例。

【例 3-1】图 3-17 所示为电动机带动工作台直线运动的定位系统。假设 PLC 控制器的输出脉冲数为 P，丝杠的导程为 D，编码器的分辨率为 P_m，试求该系统的脉冲当量 δ。

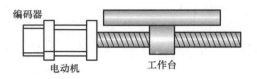

图 3-17 电动机带动工作台直线运动系统

解：设工作台的行程为 d，丝杠在输入脉冲数 P 时转动了 N_s 圈，则 $d = DN_\mathrm{s}$。而电动机旋转的圈数 N 就是丝杠转动的圈数 N_s，那么当 PLC 控制器发出的脉冲为 P 时，电动机就旋转了 N 圈，$N = \dfrac{P}{P_\mathrm{m}}$。

将上述分析的公式代入，可得

$$\delta = \frac{d}{P} = \frac{DN_\mathrm{s}}{P} = \frac{DN}{P} = \frac{D}{P}\frac{P}{P_\mathrm{m}} = \frac{D}{P_\mathrm{m}}$$

由此可见，脉冲当量与丝杠的导程和编码器的分辨率有关，编码器分辨率越高，脉冲当量越小，定位精度越高。

若在例 3-1 的基础上增加一个减速机构，如图 3-18 所示。

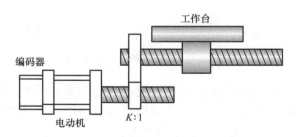

图 3-18 电动机通过减速机构与直线工作台连接示意图

若减速比为 $K : 1$，则电动机旋转 K 圈，丝杠才旋转 1 圈。那么电动机旋转圈数 $N = KN_\mathrm{s}$（N_s 为丝杠旋转的圈数），脉冲当量计算公式修正为

$$\delta = \frac{d}{P} = \frac{DN_\mathrm{s}}{P} = \frac{D}{P}\frac{N}{K} = \frac{D}{P}\frac{P}{KP_\mathrm{m}} = \frac{D}{KP_\mathrm{m}}$$

【例 3-2】电动机通过减速机构带动旋转工作台运动的定位系统如图 3-19 所示，试求脉冲当量。

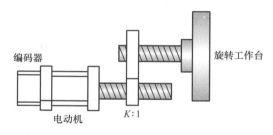

图 3-19　电动机通过减速机构带动旋转工作台运动的定位系统

解：假设 PLC 控制器发出 P 个脉冲，圆盘的转动圈数为 N_{s}，圆盘转动的角度为 X，则 $X = 360° \times N_{\mathrm{s}}$。若减速机构的减速比为 K：1，则电动机旋转圈数 $N = KN_{\mathrm{s}}$（N_{s} 为圆盘旋转的圈数），那么脉冲当量为

$$\delta = \frac{X}{P} = \frac{360° \times N_{\mathrm{s}}}{P} = \frac{360°}{P} \times \frac{N}{K} = \frac{360°}{P} \times \frac{P}{KP_{\mathrm{m}}} = \frac{360°}{KP_{\mathrm{m}}}$$

由以上两个实例可知，伺服系统的脉冲当量仅与系统本身的参数（导程为 D，减速比为 K，编码器分辨率为 P_{m}）有关，与伺服电动机接收的脉冲数无关。

3.4.2　电子齿轮比

电子齿轮是定位控制中的重要概念。所谓电子齿轮是由机械齿轮传动启发而来的。在机械传动中，可通过变速机构来进行速度变换。例如，齿轮传动就是通过两个不同齿数的齿轮组成的变速机构，如图 3-20 所示。如果主动轮齿数大于从动轮齿数，则为加速；反之为减速。将这种原理用于伺服系统中，就是电子齿轮。

图 3-20　齿轮变速机构

在伺服系统中，电子齿轮可看作是 PLC 和电动机之间的一对软齿轮。通常可以在伺服驱动器中对电子齿轮比进行设置。如图 3-21 所示，CMX 为主动轮齿数，CDV 为从动轮齿数，假设 PLC 输出的脉冲数为 P，电动机所接收到的脉冲数为 P_0，则有

$$\frac{P_0}{P} = \frac{\mathrm{CMX}}{\mathrm{CDV}}$$

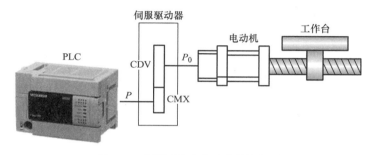

图 3-21　伺服系统中电子齿轮的作用

CMX/CDV 称为电子齿轮比。通过设置电子齿轮比的分母 CDV 和分子 CMX，就可以在 PLC 控制器输出脉冲 P 时得到不同的电动机接收脉冲数 P_0。与机械齿轮相比，电子齿轮具有应用简单方便、调节范围宽、调节灵活等优点。三菱 MR-J3 伺服驱动器 CMX 和 CDV 的设置范围为 $1 \sim 2^{20}$。

电子齿轮主要用于脉冲当量的调节，在不考虑精度要求下，还可用于调节电动机的转速。

（1）脉冲当量调节　调节脉冲当量主要有两个原因：一是提高加工精度；二是调节脉冲当量为整数值，便于计算输出脉冲数，减少定位计算误差。

【例 3-3】如图 3-21 所示，丝杠导程 $D = 10\text{mm}$，编码器分辨率 $P_m = 4096$，希望设置系统脉冲当量 $\delta = 1\mu\text{m/pls}$，试设置电子齿轮比。

解：先求系统的固有脉冲当量 δ_0，即

$$\delta_0 = \frac{D}{P_m} = \frac{10 \times 1000}{4096} \mu\text{m/pls} = 2.44\mu\text{m/pls}$$

要求系统的脉冲当量 $\delta = 1\mu\text{m/pls}$，则

$$\frac{\text{CMX}}{\text{CDV}} = \frac{\delta}{\delta_0} = \frac{1}{2.44} = \frac{4096}{10 \times 1000} = \frac{4096}{10000}$$

若将电子齿轮分子 CMX 固定为伺服电动机编码器分辨率 P_m，即 $\text{CMX} = P_m$，那么 CDV 可由下式计算：

$$\text{CDV} = \frac{\text{CMX}}{\delta} \times \delta_0 = \frac{P_m}{\delta} \times \delta_0 = \frac{P_m}{\delta} \times \frac{D}{P_m} = \frac{D}{\delta}$$

重新计算例 3-3，则 $\text{CMX} = 4096$，$\text{CDV} = 10\text{mm}/1\mu\text{m} = 10000$，答案与前面计算结果相同。

【思考题 1】如图 3-21 所示，丝杠导程 $D = 5\text{mm}$，编码器分辨率 $P_m = 10000$，希望设置系统脉冲当量 $\delta = 1\mu\text{m/pls}$，试设置电子齿轮比。

（2）电动机转速调节　由于 PLC 控制器发出的脉冲频率受到限制，如 FX_{3U} 的最大输出频率为 100kHz，当 PLC 输出最高频率时，电动机也不能工作在额定转速，此时可通过电子齿轮对电动机的转速进行调节。

如图 3-22 所示，f_M 为控制器输出的最大脉冲频率，f_{M0} 为经过电子齿轮后的脉冲频率，则有

$$\frac{\text{CMX}}{\text{CDV}} = \frac{f_{M0}}{f_M}$$

电动机的转速 n_{M0} 与脉冲频率 f_{M0} 的关系满足

$$n_{M0} = \frac{60 \times f_{M0}}{P_m}$$

代入上式可得
$$\frac{\text{CMX}}{\text{CDV}} = \frac{n_{M0} \times P_m}{60 \times f_M} \qquad (3\text{-}3)$$

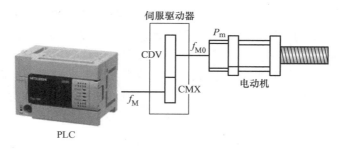

图 3-22　电子齿轮实现电动机转速调节

【例 3-4】某伺服电动机的额定转速为 3000r/min，PLC 的最大输出脉冲频率为 100kHz，编码器的分辨率 $P_{\mathrm{m}} = 4096$，若希望 PLC 输出最大脉冲频率时电动机达到额定转速，试设定电子齿轮比。

由式（3-3）可得

$$\frac{\mathrm{CMX}}{\mathrm{CDV}} = \frac{n_{\mathrm{M0}} \times P_{\mathrm{m}}}{60 \times f_{\mathrm{M}}} = \frac{3000 \times 4096}{60 \times 100000} = \frac{4096}{2000}$$

则应将电子齿轮比设置为 CMX = 4096，CDV = 2000

电子齿轮应用时应注意以下几点：

1）伺服驱动器对电子齿轮比的取值规定了一定范围，如三菱 MR-J3 伺服驱动器规定为 CDV 和 CMX 的取值范围为 1 ～ 1048576，电子齿轮比的取值一般应控制在 1/50 < CMX/CDV < 500 范围内（不同伺服驱动器的规定值会有所不同）。若超出这个范围，都会导致电动机在加速或减速运行时产生噪声，也有可能使电动机不按设定速度和加/减速时间运行而导致定位错误。

2）电子齿轮比能提高加工精度，但也可能会产生误差，主要原因是定位移动的位移量与所设置的脉冲当量不能整除而出现四舍五入的情况。例如，位移量为 10cm，而脉冲当量为 3μm，其定位脉冲数为 33333.33，脉冲数只能设置为整数，这就产生了误差。当多次执行相对定位控制时，误差会累积，从而使位移量出现偏离。解决的方法是正确地选取脉冲当量。在满足控制精度要求的前提下，其取值按 10^n 来选取，如 10μm、1μm、0.1μm。脉冲当量的选取还应考虑电动机的转速，因为脉冲当量的取值会影响电子齿轮比的取值，而电子齿轮比的值又会影响电动机的转速。因此，在满足加工精度的前提下，应尽量提高电动机的实际运行转速。

3）当电子齿轮比的分子、分母在计算确定后出现约分的情况时，如果分子、分母值大于伺服驱动器手册中规定的取值范围，则必须进行约分。当分子、分母没有公约数但又必须进行约分处理时，就会出现计算误差。此时，应尽量使约分后的值最接近约分前的值。

3.5　常用运动控制检测元件

运动控制的目的是实现对运动部件的运动参数（位置、速度、加速度、力/力矩等）的精确控制。为此，必须配有能对运动参数进行精确测量的传感器，以构成完整的闭环系统。传感器或检测元件是运动控制系统的重要组成部分，其精度对系统的控制精度有很大影响。运动控制系统中的被测量通常有位移、速度、加速度、力 / 力矩等，而经传感器可输出电压、电流、脉冲、二进制编码等信号。位置和速度传感器可分为模拟式和数字式两大类。按运动形式可分为旋转型和直线型；按信号产生及转换原理可分为光电效应、压电效应、霍尔效应、电磁感应、压阻效应等类型。常用运动控制系统中的传感器有旋转光电编码器、直线光栅尺、磁栅尺、旋转变压器等，见表 3-3。

表 3-3 位置和速度传感器的分类

分类		增量式	绝对式
位置传感器	旋转型	脉冲编码器、自整角机、旋转变压器、圆感应同步器、光栅角度传感器、圆光栅、圆磁栅	多极旋转变压器、绝对脉冲编码器、绝对值式光栅、三速圆感应同步器、磁阻式多极旋转变压器
	直线型	直线感应同步器、光栅尺、磁栅尺、激光干涉仪、霍尔位置传感器	三速感应同步器、绝对值磁尺、光电编码尺、磁性编码器
速度传感器		交、直流测速发电机、数字脉冲编码式速度传感器、霍尔速度传感器	速度 – 角度传感器、磁敏式速度传感器

3.5.1 旋转变压器

旋转变压器（Resolver）又称为回转变压器、同步分解器，是一种将转子转角变换成与之呈某函数关系的电信号的元件，是一种精度很高、结构和工艺要求十分严格和精细的控制微发电机。旋转变压器本身输出的位置信息是连续变化的模拟量，经过高频数字化处理后可对运动控制系统的位置、速度进行精确测量。由于旋转变压器结构坚固、耐用，能承受工业环境，尤其是在振动和高温环境下比增量式编码器要好，因此在运动控制系统中得到越来越广泛的应用。

（1）旋转变压器的结构与工作原理 旋转变压器由定子、转子两部分组成，有的还含转子输出变压器（或附加变压器）。定子和转子均由高导磁的铁镍软磁合金或硅钢薄板冲压成的槽状片叠成，并分别嵌有绕组。

定子绕组为旋转变压器的一次侧，转子绕组为旋转变压器的二次侧。其外形与结构如图 3-23 所示。定子铁心上有两个结构相同的绕组在空间上正交，并且以相位差为 90° 的正弦电流和余弦电流进行励磁，通常励磁电流的频率远高于工频。转子铁心上有一个转子绕组（有的旋转变压器在转子上有两相正交绕组，使用时可将其中一相绕组短接）。

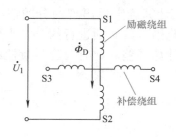

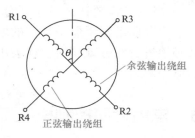

a) 外形   b) 定子绕组   c) 转子绕组

图 3-23 旋转变压器外形与结构

旋转变压器是根据互感的原理工作的。当定子绕组上加交流励磁电压（频率为 2～4kHz 的交变电压）时，通过互感作用在转子绕组中产生感应电动势，如图 3-24 所示。其输出电压的大小取决于定子与转子两个绕组轴线在空间的相对位置（θ 角）。两者平行时互感最大，二次侧感应电动势也最大；两者垂直时互感为零，二次侧感应电动势也为零。感应电动势随转子偏转的角度呈正（余）弦变化，故有

$$u_2 = Ku_1 \cos\theta = KU_m \sin\omega t \cos\theta$$

式中，u_2 为转子绕组感应电动势；u_1 为定子励磁电压；U_m 为定子励磁电压幅值；θ 为两绕组轴线间夹角；K 为电压比，即两个绕组的匝数比。

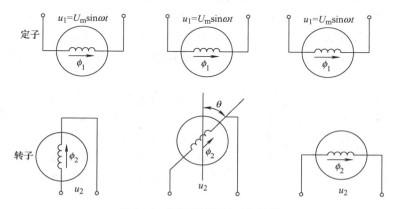

图 3-24　旋转变压器的工作原理

（2）旋转变压器的选用　目前，正、余弦旋转变压器主要用于三角运算、坐标变换、移相器、角度数据传输和角度数据转换等方面。线性旋转变压器主要用作机械角度与电信号之间的线性变换。

1）主要技术数据的选择。

① 额定电压：指励磁绕组应加的电压值，有 12V、16V、26V、36V、60V、90V、110V、115V、220V 等几种。

② 额定频率：指励磁电压的频率。应根据需要选择，一般低频的使用起来比较方便，但性能会差一些，而高频的性能较好，但成本较高，故应选择性能价格比合适的产品。

③ 电压比：指在规定的励磁绕组上加上额定频率的额定电压时，与励磁绕组轴线一致的处于零位的非励磁绕组的开路输出电压与励磁电压的比值，有 0.15、0.56、0.65、0.78、1 和 2 等几种。

④ 输出相位移：指输出电压与输入电压的相位差。该值越小越好，一般取 3～12。

⑤ 开路输入阻抗（或称空载输入阻抗）：指当输出绕组开路时，从励磁绕组看的等效阻抗值。标准空载输入阻抗有 200Ω、400Ω、600Ω、1000Ω、2000Ω、3000Ω、4000Ω、6000Ω 和 100000Ω 等几种。

2）使用注意事项。

① 旋转变压器要求在接近空载的状态下工作。因此，负载阻抗应远大于旋转变压器的输出阻抗。两者的比值越大，输出电压的畸变就越小。

② 使用时，首先要准确地调准零位，否则会增加误差，降低精度。

③ 励磁一方只用一相绕组时，另一相绕组应该短路或接一个与励磁电源内阻相等的阻抗。

④ 励磁一方两相绕组同时励磁时，两相输出绕组的负载阻抗应尽可能相等。

3.5.2 编码器

编码器是将位移和角度等参数转换成数字脉冲信号的装置，可采用电接触、磁效应、电容效应、光电转换等原理实现。运动控制系统中最常见的编码器是光电编码器（Photoelectric encoder）。光电编码器具有精度高、测量范围广、体积小、质量轻、使用可靠和易于维护等优点，广泛应用于交流伺服控制系统中做位置和速度检测。

光电编码器根据用途可分为旋转光电编码器和直线光电编码器；根据安装方式可分为轴型、通孔轴套、盲孔轴套；根据脉冲与对应位置的关系可分为增量式编码器和绝对式编码器。

（1）增量式光电编码器　增量式光电编码器的结构如图 3-25 所示，它由发光元器件、转盘（动光栅）、遮光板（固定光栅）和光敏元件等部件组成。通常，转盘一圈码道上均匀地刻制一定数量的光栅，当电动机旋转时，转盘随之一起转动。通过光栅的作用持续不断地开放或封闭光通路，因此，在接收装置的输出端便得到频率与转速成正比的方波脉冲序列，从而可以计算转速。每产生一个输出脉冲信号就对应一个增量角位移，但不能直接检测出绝对角度。

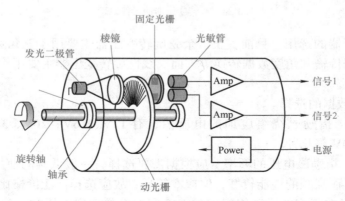

图 3-25　增量式光电编码器的结构

为了获得转速的方向，遮光板上所刻制的两条缝隙错开动光栅的（整数 +1/4）个节距，如图 3-26 所示。从而使两路输出信号 A、B 的电角度相差 90°（即正交），两对发光与接收装置产生两组脉冲序列，通常可规定正转时 A 超前 B，反转时 B 超前 A。这样，编码器就可以获得位置或速度以及旋转方向信息。同时，在增量式光电编码器中还备有用作参考零位的标志脉冲或指示脉冲，转盘每转动一周，只发出一个标志脉冲，通常称为 Z 相。标志脉冲通常与数据通道有着特定的关系，可用来指示机械位置、对累计量清零或记录转动圈数。

增量式光电编码器的分辨率定义为编码器轴转动一圈所产生的输出信号脉冲数，用

脉冲数 / 转（Pulses/rotation，P/r）表示。因此，光栅码盘上的槽或窗口数目就等于编码器的分辨率，通常称为*编码器的线数*。例如，分辨率为 1000P/r，也称其分辨率为 1000 线。转盘上刻制的缝隙越多，编码器的分辨率就越高。现在市场上提供的规格从 36 线～ 10 万线，在交流伺服控制系统中常选择分辨率为 2500 线的编码器。

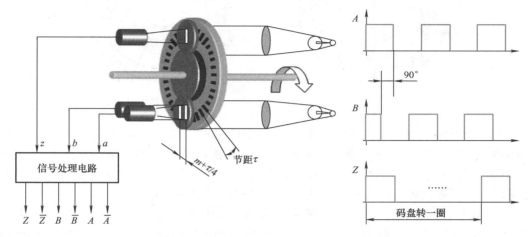

图 3-26　增量式光电编码器的工作原理

增量式光电编码器虽然简单，精度也高，但存在以下问题：

1）数据容易丢失。增量式光电编码器获得的所有计数都是相对某一任意指定的基数（原点位置）而言的，一旦停电或误操作，把原点丢失，就难以寻找回来。

2）位置检测中会发生误差积累现象。

（2）绝对式光电编码器　增量式光电编码器在转动时输出脉冲，通过计数设备来确定其位置，当编码器不动或停电时，依靠计数设备的内部存储来记住位置，否则，计数设备记忆的零点就会偏移，编码器就会出错。与增量式光电编码器不同的是，绝对式光电编码器能够输出转轴转动时的绝对位置信号，断电也不会影响编码器输出的位置信息。

绝对式光电编码器的结构示意图如图 3-27 所示。绝对式光电编码器的码盘上刻有同心码道。每个码道表示二进制数的一位，码道上按一定规律排列着透光和不透光部分，如图 3-28 和图 3-29 所示，其中空白部分是透光的，用“0”表示；涂黑的部分是不透光的，用“1”表示。最里侧的码道为二进制数的最高位，最外侧码道是最低位。绝对式光电编码器的光敏元器件与码道一一对应，成组排列，光敏元器件组的信号组成编码输出。

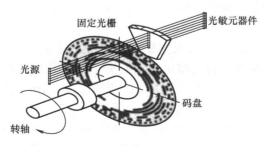

图 3-27　绝对式光电编码器结构示意图

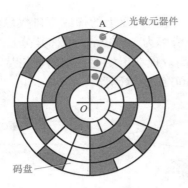

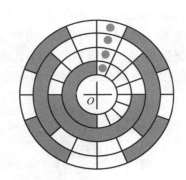

图 3-28　自然二进制码码盘　　　　图 3-29　格雷码码盘

绝对式光电编码器的码盘所用码制有自然二进制码码盘、格雷码码盘等。图 3-28 所示的码盘为 4 位自然二进制码码盘，分成 $2^4 = 16$ 个黑白间隔，每个角度对应于不同的编码。例如，零位对应于 0000（全黑，若规定不透光为 0），第 8 个方位对应于 1000。这样，在测量时，只要根据码盘的起始和终止位置，就可以确定角位移，而与转动的中间过程无关。一个 n 位二进制码码盘的最小分辨率，即能分辨的最小角度为 $360°/2^n$，若 $n = 4$，则 $\alpha \approx 22.5°$。如果要达到更高的分辨率，则需要增加码盘的码道。一个刻划直径为 400mm 的 20 位码盘，其外圈分划间隔不到 12μm，可见码盘的制造精度很高。因此，绝对式光电编码器制造工艺复杂、价格贵。

实际应用中较少采用自然二进制码编码器，因为当自然二进制码的某一高位数码改变时，所有比它位低的数码都需同时改变，如果刻划误差使某一高位提前或延后，则会造成读码误差。因此，使用格雷码代替自然二进制码，如图 3-29 所示。*格雷码的优点是任何相邻码道之间只有一位数发生改变*，这大大减少了一个数码转换到另一个数码时在边界上产生错码的概率。

绝对式光电编码器只能在单圈范围里进行绝对位置的检测，当位移量超过一圈时，就需要把圈数记录下来，这就是多圈编码器的由来。多圈编码器实际上可以看成是由一个单圈绝对式光电编码器和一个增量式磁性编码器组成。其中，单圈绝对式光电编码器的任务是在一转之内实现高分辨率、高精度的绝对位置检测。而增量式磁性编码器是用来检测转轴的旋转次数，转轴每旋转一周，磁增量光电编码器就发生一个脉冲，送入计数器进行计数。

绝对式光电编码器单圈从经济型 8 位到高精度 17 位或更高，价格不等；绝对式光电编码器多圈大部分用 25 位，输出有 SSI、Profibus-DP、CAN、Interbus、DeviceNet 等总线，通常是串行数据输出。

（3）编码器的选用　编码器的选用主要从以下几方面考虑。

1）机械外形。需要考虑安装类型是单轴心型、中空孔型、双轴心型及定位止口、轴径、安装孔位等因素，还要考虑电缆出线方式、安装空间体积及工作环境防护等级是否满足要求。

2）测量原理。如果对速度进行测量应选用增量式光电编码器；如果测量距离、长度、位置、角度等参数则两种编码器都可以选。如果对位置、零位有严格要求，用绝对式光电编码器。

3）分辨率。增量式光电编码器的分辨率按每圈脉冲数选用；绝对式光电编码器的分辨率按每圈位数 × 圈数选用。

4）信号输出方式。增量式光电编码器可选 TTL、推挽式、HTL、RS–422 等输出方式；绝对式光电编码器有两种输出方式：串行和并行。并行常采用推挽式；串行则使用 RS–485、SSI、Profibus-DP、DeviceNet、CAN、Interbus 等总线输出。

5）电源。编码器的电源有 DC 5V、12V、24V 等，注意不要让 24V 的电源串入 5V 的信号接线中。

3.6 定位控制运行模式

3.6.1 相对定位和绝对定位

在定位控制中，控制对象需要按照控制指令的要求进行位置移动。这就需要对位置进行表达，通常会建立一个坐标系，然后在这个坐标系中确定定位的距离和方向，如图 3-30 所示。

首先，需要确定原点位置，原点位置就是控制对象运动的起始位置。在原点位置确定的基础上，可采用两种方式确定控制对象运动的目标位置，这两种方式就是绝对定位和相对定位。

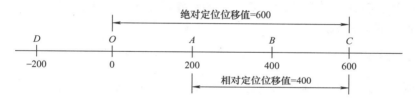

图 3-30 相对定位和绝对定位

*绝对定位*是采用绝对坐标来实现定位的。绝对坐标是用控制对象运动的目标位置与原点的距离和方向来标记。在图 3-30 中，O 点是原点，它的坐标为 0，C 点是控制对象运动的目标位置，它与 O 点的距离为 600，那么，C 点的坐标就是 600。这种定位方式的优点是：坐标系中的任意位置是唯一的，只需要在程序中确定这个绝对坐标就可以准确定位。

*相对定位*是采用相对位移来实现定位的。它是以控制对象当前的位置作为起点，用与当前位置的距离和方向来表示目标位置。在图 3-30 中，控制对象当前的位置是 A 点，那么要运动到目标位置 C 点，需要相对 A 点运动 400，那么这个坐标就是相对定位的坐标了。从 A 点向右移为正，向左移就为负。假设 A 点为当前位置，如果移到 C 点，那么相对定位值为 +400；如果从 A 点移到 D 点，那么相对定位值为 –400。

由上述分析可知，相对定位表示的是实际位移量，绝对定位表示的是定位位置的绝对坐标值。显然，如果定位控制是由一段一段的移位连接而成的，那么使用相对定位控制比较方便。如果只知道每次移动的坐标位置，那么使用绝对定位比较方便。

3.6.2 机械原点和电气原点

在定位控制中，工件运动的起始位置称为*原点*，原点常有机械原点和电气原点两种说法，这两者并不是指同一个点。

（1）机械原点 在数控机床、加工中心等高精度自动化设备中，加工程序的编制都是以坐标的数值来标明的。加工设备中坐标系统的原点位置就是设备的机械原点。一旦机械原点确定，各种加工数据都是以原点为参考点核算的。设备在每次加工前都必须进行原点回归，它是设备本身所固有的，一旦设备装配好，机械原点的位置就确定了。

一般来说，设备的机械原点是通过各种无源或有源开关来确定的，由于这些开关精度有限，而加工工件回归时速度很快，会使每次进行原点回归时的原点位置会产生偏差，这样就影响了加工的精度。为了解决这个问题，采用开关加编码器 Z 相脉冲来确定原点位置。

（2）电气原点 首先，在工件上安装一个挡块（DOG 块），当工件进行原点回归时，先以高速向原点方向运动，当 DOG 块前端碰到近点开关时，减速到低速状态运行，当 DOG 块的后端离开近点开关时，对编码器 Z 相脉冲进行计数，计数到设定数值后停止，停止的位置就是原点位置。这个位置与机械原点相近，但不与机械原点重合，一旦 DOG 块和近点开关位置安装好，这个原点位置就已确定。这个原点被称为*电气原点*。

电气原点是所有加工数据的参考点，它的位置非常灵活，可由用户进行调整，通常把电气原点设置在靠近机械原点的地方。

3.6.3 常用定位模式

（1）原点回归模式 控制系统在首次投入运行时，必须进行一次原点回归操作，以确保原点位置的准确性，所以原点回归操作在定位控制中是必不可少的。原点回归有两种方式：DOG 块原点回归和 Z 相信号计数原点回归。

1）DOG 块原点回归。图 3-31 所示为 DOG 块原点回归示意图。图 3-32 所示为 DOG 块原点回归控制分析图。

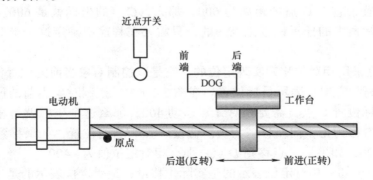

图 3-31 DOG 块原点回归示意图

当启动原点回归指令后，控制对象由当前位置 A 加速至原点回归速度，向原点回归方向运动；当控制对象运动到近点开关附近时，DOG 块的前端碰到近点开关，控制对象减速至爬行速度,继续进行原点回归;当 DOG 块的后端离开近点开关时,控制对象立即减速为 0,此时的停止位置 B 就是原点位置。

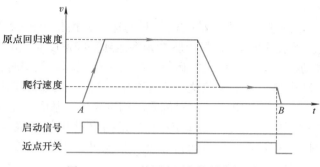

图 3-32 DOG 块原点回归控制分析图

2)Z 相信号计数原点回归。DOG 块原点回归方式对 DOG 块的长度有一定要求。为了保证原点回归能在爬行速度上回归到原点位置,DOG 块的长度必须大于从原点回归速度减速至爬行速度这段时间行走的距离,否则将不能以爬行速度回归原点,这会影响原点位置的重复性。而在实际控制中,DOG 块的长度会受到机械结构或工况的限制,不一定能达到所需长度,因此,在 DOG 块原点回归的基础上增加了对编码器 Z 相信号进行计数,以实现原点回归。

图 3-33 所示为 Z 相信号计数原点回归控制分析图。当 DOG 块后端离开近点开关时,开始对编码器 Z 相信号进行计数,当 Z 相信号到达所设定的数值时,电动机停止。

在进行原点回归时,需要设置原点回归速度和爬行速度。原点回归速度应大于等于基底速度而小于等于最高速度,爬行速度应远小于原点回归速度而又大于基底速度。

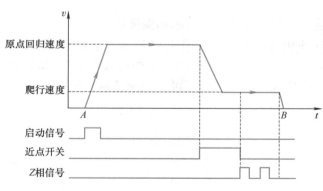

图 3-33 Z 相信号计数原点回归控制分析图

(2)单速运行模式 当电动机驱动执行机构以一种运行速度从位置 A 向位置 B 移动时,称为*单速运行模式*。这种模式是定位控制中最基本也是最常用的运行模式。单速运行模式在执行过程中不会一开始就进入运行速度下工作,而是要经历升速、恒速和减速过程,如图 3-34 所示。单速运行时,电动机从零速或基底速度开始加速至运行速度,然后以运行速度向位置 B 运行,在快到达位置 B 时会自动减速停止。

单速运行模式中常需要对以下相关参数进行设置。

1）最高速度 v_{max}。电动机运行时，转速都是有限制的，一般情况下，最大转速不要超过电动机的额定转速。当采用脉冲信号作为定位控制信号时，最大转速还受到 PLC 最高输出频率的限制。

2）运行速度 v。运行速度 v 为电动机运行时的速度，由指令的操作数设定。

3）基底速度 v_{bia}。基底速度 v_{bia} 是指当脉冲频率达到基底速度对应的频率时，开始加速到运行速度。对步进电动机来说，当设定的运行频率大于极限起动频率时，从零速起动到运行速度会发生失步和振动现象，为了避免这种情况产生，就设置了基底速度。一般步进电动机的基底速度设置为最高速度的 1/10 以下。对伺服电动机来说，基底速度可以设置为 0。

4）*加速时间 T_a 和减速时间 T_b*。*加速时间 T_a* 是指电动机从基底速度加速到最高速度所需要的时间，如图 3-34 所示。实际运行速度一般会小于最高速度，因此，单速运行的实际加速时间 t_1 要小于加速时间 T_a。

减速时间 T_b 是指电动机从最高速度减速到基底速度所需要的时间，如图 3-34 所示。实际减速时间 t_2 也会比减速时间 T_b 小。

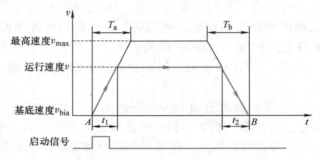

图 3-34　单速运行模式

（3）双速运行模式　为了提高生产效率和保证加工精度，需要在一个定位控制中用两种速度运行，如工件的快进和工进。如图 3-35 所示，起动后，电动机以速度 v_1 运行，当碰到外部信号时，可以切换到速度 v_2 运行。这种运行模式也可以引申到三速、四速等多速运行模式。双速运行模式中的参数设定可参照单速运行模式。

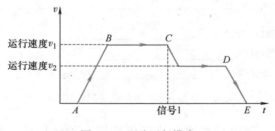

图 3-35　双速运行模式

习　题

3.1　什么是运动控制系统？它是由哪几部分组成的？

3.2　常用的运动控制系统有哪几种？

3.3　直流电动机的调速方法有哪三种？哪种调速方法性能最好？

3.4　常见的直流调速系统有哪些？各应用在什么场合？

3.5　交流电动机电气调速的方法有哪几种？其中哪些方法适合于笼型异步电动机？

3.6　什么是定位控制？定位控制有哪几种方式？

3.7　PLC 定位控制系统由哪几部分组成？有哪几种控制方式？常用的控制方式是哪一种？

3.8　定位控制常用的脉冲控制方式有哪几种？它们是如何实现控制的？

3.9　简述旋转变压器的工作原理。它有哪些优点？

3.10　编码器的主要作用是什么？运动控制系统中常用的编码器是哪两种？

3.11　增量式光电编码器和绝对式光电编码器的分辨率有何不同？应该如何选用？

3.12　什么是脉冲当量？脉冲当量的单位是什么？

3.13　如图 3-18 所示，假设丝杠导程 $D = 5\text{mm}$，编码器分辨率 $P_m = 262144$，希望设置系统脉冲当量 $\delta = 2\mu\text{m/pls}$，试设置电子齿轮比。

3.14　什么是原点位置？相对定位和绝对定位的区别是什么？

3.15　试简述 DOG 块原点回归的控制过程。

3.16　什么是基底速度？一般基底速度是如何设置的？

第 *4* 章
三相异步电动机的变频调速

🖐主要知识点及学习要求

1）了解三菱 E700 系列变频器的接线及组装。
2）能实现变频器的参数设置及基本操作。
3）能实现 PLC 控制变频器三段速的编程及调试。
4）能实现 PLC 控制变频器无级调速的编程及调试。

4.1 三菱 E700 系列变频器

4.1.1 变频器的结构

E700 系列变频器是 E500 系列变频器的升级版，其外形如图 4-1 所示。

变频器结构及型号含义

图 4-1 E700 系列变频器外形

三菱 E700 变频器具有以下特点：
1）在 0.5Hz 频率下，使用先进磁通矢量控制模式可以使转矩提高到 200%（3.7kW 以下）。
2）先进的自主学习功能。

3）短时超载增加到 200% 时允许持续时间为 3s，误报警将更少发生。

4）提供标准的 USB 接口（迷你 –B 连接器）。在没有 USB-RS-485 转换器的情况下，变频器也能很方便地和计算机进行连接。FR Configurator（变频器设置软件）与变频器的数据交互功能可以简化变频器的调试和维护。另外，USB 的高速图表功能使计算机高速取样显示得以实现。

5）选件插口支持数字量输入、模拟量输出扩展功能，以及几乎所有 FR-A700 系列变频器所支持的各种通信协议。

6）除了标准配置的端子排，还可以选用模拟量、脉冲列及两对 RS-485 端子等。在更换变频器时，只需把原来变频器上的控制端子排拆卸下来安装到同类型的变频器上即可。

7）支持 EIA-485（RS-485）、ModbusRTU（内置）、CC-Link、PROFIBUS-DP、DeviceNet、LonWorks 等总线控制。

8）外置制动电阻器对应变频器容量为 0.4 ～ 15kW。若要增强制动能力，可增加外置制动电阻器。

9）安装尺寸和 FR-E500 系列完全一致。

10）允许并排安装，节省安装空间。

11）使用最新开发的设计寿命达 10 年的长寿命风扇，还可以使用冷却风扇 ON/OFF 控制来进一步延长其使用寿命。

12）使用最新开发的设计寿命达 10 年的长寿命电容器。

1. 变频器的型号含义

图 4-2 所示为 E700 系列变频器的型号含义。

E700 系列变频器的额定值主要分输入额定值和输出额定值两部分。

1）输入额定值主要有额定输入电压及频率、电源容量等。

① 额定输入电压有两种规格：单相 200 ～ 240V、50Hz/60Hz；三相 380 ～ 480V、50Hz/60Hz。

② 电源容量随电源侧阻抗值的变化而变化。

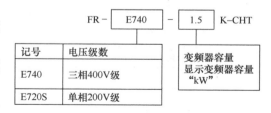

图 4-2　E700 系列变频器的型号含义

记号	电压级数
E740	三相400V级
E720S	单相200V级

2）输出额定值主要有额定输出电压、额定输出电流、额定输出容量及适用电动机功率等。

① 额定输出电压：指变频器输出的线电压，单位为 kV，通常有三相 200 ～ 240V 和三相 380 ～ 480V 两种。

② 额定输出电流：指变频器输出的线电流，单位为 A。

③ 额定输出容量：指变频器在额定输出电压下的输出容量，它等于额定输出电压及额定输出电流乘积的 $\sqrt{3}$ 倍。

④ 适用电动机功率：指变频器输出所接电动机的最大功率，单位为 kW。

E700 系列变频器的额定值见表 4-1 和表 4-2。

表 4-1 三相 400V 电源 E700 系列变频器额定值

型号 FR–E740– □ K–CHT		0.4	0.75	1.5	2.2	3.7	5.5	7.5	11	15
适用电动机容量 /kW		0.4	0.75	1.5	2.2	3.7	5.5	7.5	11	15
输出	额定容量 /kV·A	1.2	2.0	3.0	4.6	7.2	9.1	13.0	17.5	23.0
	额定电流 /A	1.6 (1.4)	2.6 (2.2)	4.0 (3.8)	6.0 (5.4)	9.5 (8.7)	12	17	23	30
	过载额定电流	150% 60s, 200% 3s（反限时特性）								
	电压	三相 380～480V								
电源	额定输入交流电压、频率	三相 380～480V 50Hz/60Hz								
	交流电压允许波动范围	325～528V 50Hz/60Hz								
	频率允许波动范围	±5%								
	电源容量 /kV·A	1.5	2.5	4.5	5.5	9.5	12	17	20	28
保护结构（JEM 1030）		封闭式（IP20）								
冷却方式		自冷		强制风冷						
大约重量 /kg		1.4	1.4	1.9	1.9	1.9	3.2	3.2	5.9	5.9

表 4-2 单相 200V 电源 E700 系列变频器额定值

型号 FR–E720S– □ K–CHT		0.1	0.2	0.4	0.75	1.5	2.2
适用电动机容量 /kW		0.1	0.2	0.4	0.75	1.5	2.2
输出	额定容量 /kV·A	0.3	0.6	1.2	2.0	3.2	4.4
	额定输出电流 /A	0.8 (0.8)	1.5 (1.4)	3.0 (2.5)	5.0 (4.1)	8.0 (7.0)	11.0 (10.0)
	过载额定电流	150% 60s, 200% 3s（反限时特性）					
	额定输出电压	三相 200～240V					
电源	额定输入交流电压、频率	单相 200～240V 50Hz/60Hz					
	交流电压允许变动	170～264V 50Hz/60Hz					
	频率允许变动	±5%					
	电源容量 /kV·A	0.5	0.9	1.5	2.5	4.0	5.2
保护构造（JEM1030）		封闭式（IP20）					
冷却方式		自冷		强制风冷			
大约重量 /kg		0.6	0.6	0.9	1.4	1.5	2.0

2. 变频器的组成及盖板拆装

图 4-3 为 E700 系列变频器的组成部件，主要有操作面板、主电路端子排、控制电路端子排、USB 接口等。

拆卸时，将前盖板沿箭头所示方向向前面拉，将其卸下，如图 4-4 所示。安装时，将前盖板对准主机正面笔直装入，如图 4-5 所示。

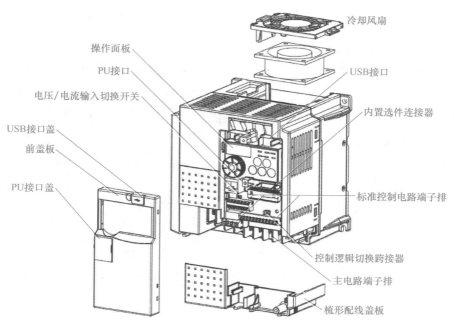

冷却风扇
操作面板
PU接口
USB接口
电压/电流输入切换开关
内置选件连接器
USB接口盖
前盖板
PU接口盖
标准控制电路端子排
控制逻辑切换跨接器
主电路端子排
梳形配线盖板

图 4-3　E700 系列变频器的组成部件

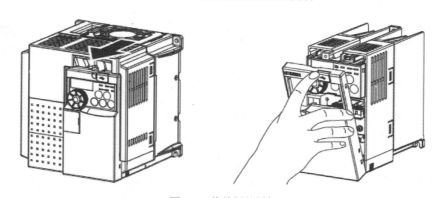

图 4-4　前盖板的拆卸

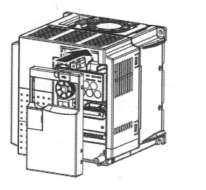

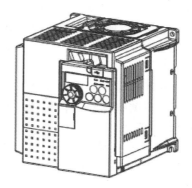

图 4-5　前盖板的安装

4.1.2 变频器的外部接线及操作面板

1. E700 系列变频器的接线端子

（1）主电路接线端　三菱 FR-E700 系列变频器主电路的接线端子如图 4-6 所示。

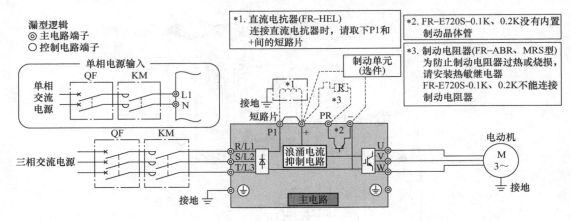

图 4-6　主电路接线端子

1）输入端。即交流电源输入，其标志为 R/L1、S/L2、T/L3，接工频电源。

2）输出端。即变频器输出，其标志为 U、V、W，接三相笼型异步电动机。

3）直流电抗器接线端。将直流电抗器接至 P1 与＋之间，可以改善功率因数。需接电抗器时应将短路片拆除。

变频器的外部接线

4）制动电阻器和制动单元接线端。制动电阻器接至＋与 PR 之间，而＋与－之间连接制动单元或高功率因数整流器。

5）接地端。其标志为 ⏚，变频器外壳接地用，必须接大地。

（2）控制电路接线端　三菱 FR-E700 系列变频器控制电路接线端子如图 4-7 所示。

1）外接频率给定端。变频器为外接频率给定提供 +5V 电源（正端为端子 10，负端为端子 5），信号输入端分别为端子 2（电压信号）、端子 4（电流信号）。输入分别为 DC0 ～ 5V 或 0 ～ 10V、4 ～ 20mA 时，在 5V、10V，20mA 时为最大输出频率，输出与输入成比例变化。

2）输入控制端。

STF——正转控制端。STF 信号处于 ON 为正转，处于 OFF 为停止。

STR——反转控制端。STR 信号处于 ON 为反转，处于 OFF 为停止。

注意：STF、STR 信号同时处于 ON 时变成停止指令。

RH、RM、RL——多段速度选择端。通过三端状态的组合实现多档转速控制。

MRS——输出停止端。MRS 信号为 ON（20ms 以上）时，变频器停止输出。用电磁制动停止电动机时，用于断开变频器的输出。

RES——复位控制端，用于解除保护回路动作的保持状态。使端子 RES 信号处于 ON（0.1s 以上），然后断开。

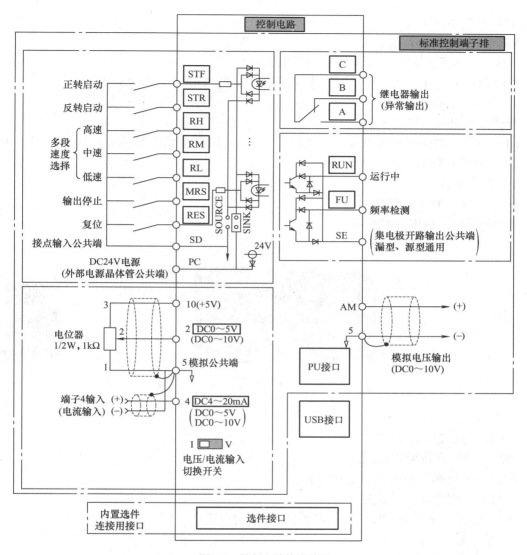

图 4-7　控制电路接线端子

SD——输入信号公共端（漏型）。

PC——输入信号公共端（源型）。

2、4、10——模拟量频率设定输入端。

5——模拟量频率设定公共端。

3）运行状态信号输出端。

RUN——运行信号，变频器输出频率为启动频率（初始值 0.5Hz）以上时为低电平，正在停止或正在直流制动时为高电平。

A、B、C——继电器输出（异常输出），指示变频器因保护功能动作时输出停止的接点输出。异常时，B-C 间不导通（A-C 间导通），正常时，B-C 间导通（A-C 间不导通）。

FU——频率检测信号，当变频器的输出频率为任意设定的检测频率以上时为低电平，未达到检测频率时为高电平。

　　SE——集电极开路输出公共端。

　　AM——模拟量输出，接至 0 ~ 10V 电压表。

　　4）通信 PU 接口。PU 接口用于连接操作面板 FR-DU07 以及 RS-485 通信。

　2. 操作面板简介

　　操作面板外观如图 4-8 所示。

　　（1）显示　　FR-E700 系列变频器 LED 监视器可以显示给定频率、运行电流和电压等参数。显示屏旁有单位指示及状态指示。

　　1）单位显示。

　　Hz——显示频率时灯亮。

　　A——显示运行电流时灯亮。

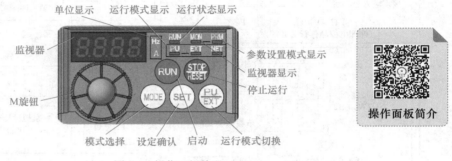

图 4-8　操作面板外观

　　2）运行模式显示。

　　PU——PU 运行模式显示时灯亮。

　　EXT——外部运行模式显示时灯亮。

　　NET——网络运行模式显示时灯亮。

　　PU、EXT：在外部 /PU 组合运行模式 1、2 时点亮。

　　3）监视器。

　　显示频率、参数编号等。

　　4）状态显示。

　　监视器显示：MON——监视模式状态显示时灯亮。

　　运行状态显示：RUN——变频器动作中亮灯／闪烁；正转运行中，缓慢闪烁（1.4s 循环），反转运行中，快速闪烁（0.2s 循环）。

　　参数设置模式显示：PRM——参数设置时灯亮。

　　（2）键盘　　键盘各键的功能如下。

　　(MODE) 键——用于选择运行模式或设定模式。

　　(SET) 键——用于进行频率和参数的设定。在运行过程中按下，监视器将循环显示运行频率、输出电流、输出电压。

　　🌀 M 旋钮——在设定模式中旋转 M 旋钮，则可连续设定参数。用于连续增加或降低运行频率。

(RUN) 键——用于给出启动指令。

(STOP/RESET) 键——用于停止运行变频器及当变频器保护功能动作使输出停止时复位变频器。

(PU/EXT) 键——用于运行模式切换（PU 运行模式与外部运行模式间的切换）。

（3）基本操作　如图 4-9 所示，可实现变频器的频率设定和参数设置等基本操作。

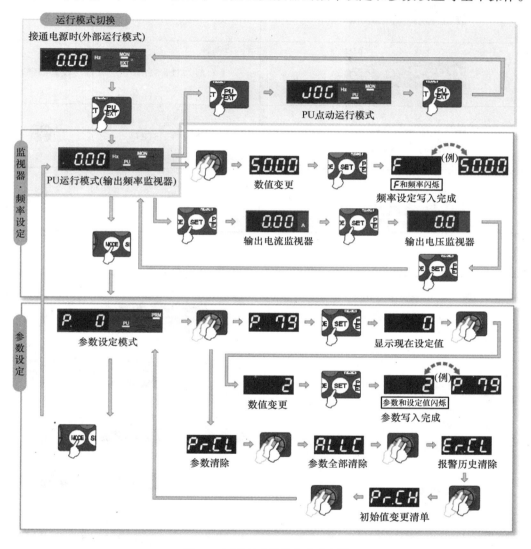

图 4-9　面板基本操作方法示意图

（4）操作面板常用操作

1）运行模式设置（Pr.79）。

可通过简单的操作来完成利用启动指令和速度指令的组合进行的 Pr.79 运行模式选择设定。Pr.79 的 4 种常用模式见表 4-3。以 Pr.79 = 3 为例说明设置方法，见表 4-4。

表 4-3 Pr.79 的常用模式

操作面板显示	运行方法	
	启动指令	频率指令
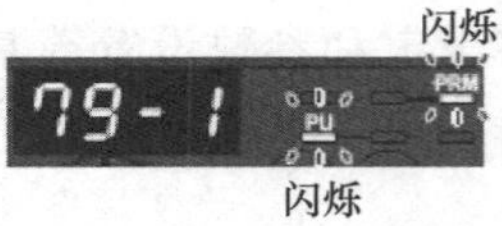 闪烁 79-1 闪烁	 RUN	 （旋钮）
 闪烁 79-2 闪烁	外部（STF、STR）	模拟电压输入
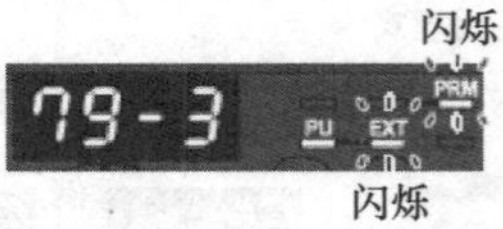 闪烁 79-3 闪烁	外部（STF、STR）	 （旋钮）
 闪烁 79-4 闪烁	 RUN	模拟电压输入

表 4-4 Pr.79 = 3 的设置方法

操作	显示
电源接通时显示的监视器画面	 0.00 Hz
同时按住 PU/EXT 和 MODE 键 0.5s	 PU/EXT MODE ⇒ 79-- 闪烁
 旋转（旋钮），将值设定为 79-3	 （旋钮）⇒ 79-3 闪烁
按 SET 键确定	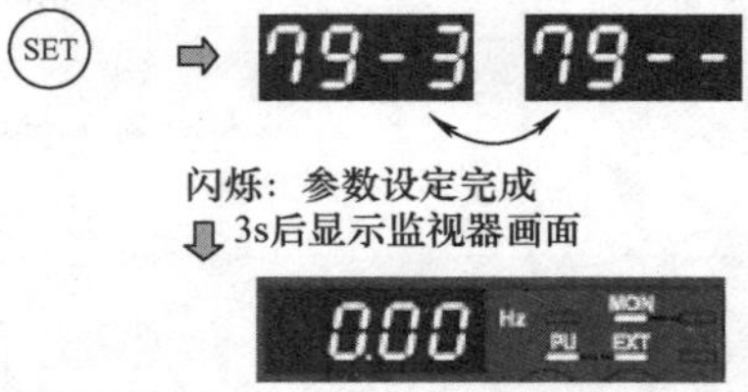 SET ⇒ 79-3 79-- 闪烁：参数设定完成 3s后显示监视器画面 0.00 Hz

2）参数清除、全部清除。

设定 Pr.CL 参数清除、ALLC 参数全部清除 = "1"，可使参数恢复为初始值，见表 4-5。如果设定 Pr.77 参数写入选择 = "1"，则无法清除。

表 4-5　参数清除、全部清除设置方法

操作	显示
电源接通时显示的监视器画面	0.00 Hz MON EXT
按 (PU/EXT) 键，进入 PU 运行模式	(PU/EXT) ⇒ PU显示灯亮　0.00 PU
按 (MODE) 键，进入参数设定模式	(MODE) ⇒ PRM显示灯亮　P. 0 PRM
旋转 ⚙，将参数编号设定为 Pr.CL（ALLC）	⚙ ⇒ 参数清除 Pr.CL　参数全部清除 ALLC
按 (SET) 键确定，读取当前的设定值	(SET) ⇒ 0
旋转 ⚙，将值设定为 "1"	⚙ ⇒ 1
按 (SET) 键确定	(SET) ⇒ 1　参数清除 Pr.CL　参数全部清除 ALLC　闪烁：参数设定完成

4.1.3　变频器的常用参数

FR-E700 系列变频器的常用参数见表 4-6。

表 4-6　FR-E700 系列变频器的常用参数

参数编号	名称	单位	初始值		范围	内容
0	转矩提升	0.1%	0.75kW 以下	6%	0～30%	根据负载情况，提高低频时电动机的起动转矩
			1.5～3.7kW	4%		
			5.5kW、7.5kW	3%		
			11kW、15kW	2%		
1	上限频率	0.01Hz	120Hz		0～120Hz	设定输出频率上限
2	下限频率	0.01Hz	0Hz		0～120Hz	设定输出频率下限
3	基准频率	0.01Hz	50Hz		0～400Hz	电动机的额定频率

（续）

参数编号	名称	单位	初始值		范围	内容
4	三段速设定（高速）	0.01Hz	50Hz		0～400Hz	RH-ON 时的频率
5	三段速设定（中速）	0.01Hz	30Hz		0～400Hz	RM-ON 时的频率
6	三段速设定（低速）	0.01Hz	10Hz		0～400Hz	RL-ON 时的频率
7	加速时间	0.1s	3.7kW 以下	5s	0～3600s	设定电动机加速时间
			5.5kW、7.5kW	10s		
			11kW、15kW	15s		
8	减速时间	0.1s	3.7kW 以下	5s	0～3600s	设定电动机减速时间
			5.5kW、7.5kW	10s		
			11kW、15kW	15s		
9	电子过电流保护	0.01A	变频器的额定电流		0～500A	设定电动机的额定电流
73	模拟量输入选择	1	1		0	端子 2 输入 0～10V，无可逆
					1	端子 2 输入 0～5V，无可逆
					10	端子 2 输入 0～10V，可逆
					11	端子 2 输入 0～5V，可逆
79	操作模式选择	1	0		0	外部 /PU 切换模式
					1	PU 运行模式
					2	外部运行模式
					3	外部 /PU 组合模式 1（频率：PU，启动：外部）
					4	外部 /PU 组合模式 2（频率：外部，启动：PU）
					6	切换模式（可以边运行边切换模式）
					7	外部运行模式（PU 运行互锁）由 X12 决定是否允许切换到 PU 模式
125	端子 2 频率设定增益	0.01Hz	50Hz		0～400Hz	端子 2 输入增益（最大）的频率
126	端子 4 频率设定增益	0.01Hz	50Hz		0～400Hz	端子 4 输入增益（最大）的频率
160	用户参数组读取选择	1	0		0	显示所有参数
					1	只显示注册到用户参数组的参数
					9999	只显示简单模式的参数

4.1.4 变频器的控制方式

变频器的控制方式主要取决于频率和启停信号的控制。下面介绍几种常用的控制方式。

1. 使用 PU 面板进行变频器频率设定及启停控制

如图 4-10 所示，将变频器的 R、S、T 三端接电源，U、V、W 三端接电动机，通过

PU 面板就可以对变频器进行操作。

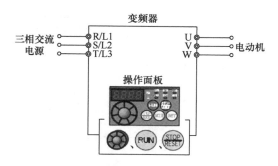

图 4-10　使用 PU 面板进行变频器控制的接线图

操作步骤如下：按下 PU/EXT 键，切换到 PU 模式；旋转 旋钮调节频率；按下 RUN 键启动变频器。

注意：此时的 Pr.79 参数初始值应设置为 0 或 1，才能进入 PU 模式。

2. 通过开关实现三段速控制

如图 4-11 所示，将变频器的 R、S、T 三端接电源，U、V、W 三端接电动机，在 RH、RM、RL 三端接三个开关，用于频率控制，通过 PU 面板进行变频器的启停控制。

操作步骤：

1）将 Pr.79 设置为 4，将 Pr.4、Pr.5、Pr.6 三个参数分别设置高、中、低速频率值。

2）按下 RUN 键，进入运行模式。

3）按下与 RH、RM、RL 相连接的任一开关，变频器将按相应频率工作。

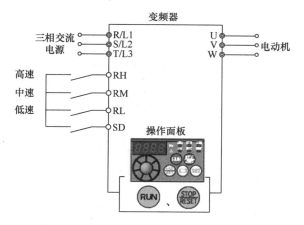

图 4-11　使用开关实现三段速控制的接线图

3. 通过模拟信号实现频率调节

如图 4-12 所示，将变频器的 R、S、T 三端接电源，U、V、W 三端接电动机，将模拟量输入信号端 2、5、10 接电位器，用于实现频率控制，通过 PU 面板进行变频器的启停控制。

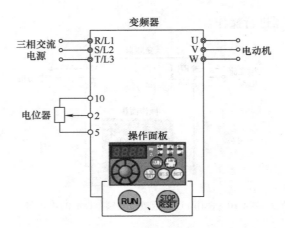

图 4-12　通过模拟信号实现频率调节接线图

操作步骤与三段速相似，将 Pr.79 设置为 4，启动变频器，通过电位器实现频率调节。

4. 通过 PU 面板进行频率调节，外部开关实现启停控制

如图 4-13 所示，将变频器的 R、S、T 三端接电源，U、V、W 三端接电动机，将 STF 及 STR 分别接正、反转启动开关，用于启停控制，通过 PU 面板进行变频器的频率调节。

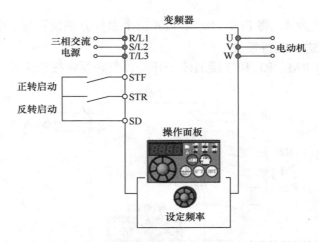

图 4-13　通过 PU 面板进行频率调节，外部开关实现启停控制的接线图

操作步骤：

1）将 Pr.79 设置为 3。

2）旋转 🔘 旋钮，进行频率调节。

3）按下与 STF、STR 相连接的任一开关，变频器将按相应频率工作；断开与 STF、STR 相连接的开关，变频器停止工作。

5. 通过外部信号实现频率调节及启停控制

通过外部信号实现频率调节可参考第 2 种和第 3 种方式实现三段速或模拟量频率调节。接线图如图 4-14a、b 所示。

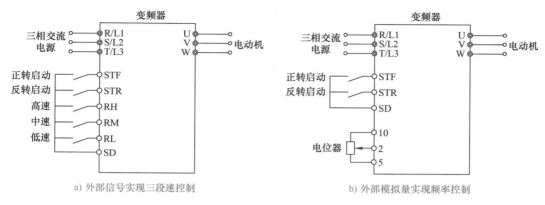

图 4-14　通过外部信号实现频率调节及启停控制

图 4-14 中两种方式下，将 Pr.79 设置为 2，即外部运行模式。也可将 Pr.79 设置为 0，由面板上的⊛键切换到外部运行模式。

变频器的三段速控制

4.2　三菱 PLC 控制变频器实现三段速调速

4.2.1　三菱 PLC 与变频器的连接

三菱 PLC 与变频器连接的主要原则是实现由三菱 PLC 的输出端子控制变频器的输入控制信号。如图 4-15 所示，将 PLC 的输出端 Y001、Y002 分别接到变频器的 STF、STR 端，用于控制变频器的正反转；将 PLC 的输出端 Y003 ～ Y005 分别接到变频器的速度选择信号端 RH、RM、RL，用于控制变频器的高、中、低速；变频器的故障输出常开信号 A、C 端可以接至 PLC 的输入信号端，以实现故障检测报警控制。变频器的主电路电源输入端 R、S、T 接三相工频电源，主电路输出端 U、V、W 接三相交流电动机，其接线与 PLC 无关。三菱 PLC 可通过输入信号端 X002、X003 接入启动、停止等按钮实现变频器控制，也可通过触摸屏实现对变频器各种状态的控制及监视。

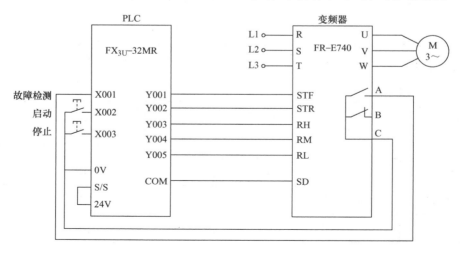

图 4-15　PLC 控制变频器实现三段速调速接线图

4.2.2 三菱 PLC 控制变频器的程序设计

1. 变频器的正反转控制

图 4-16 所示为 PLC 控制变频器正反转的控制电路图。PLC 的 I/O 地址分配见表 4-7。

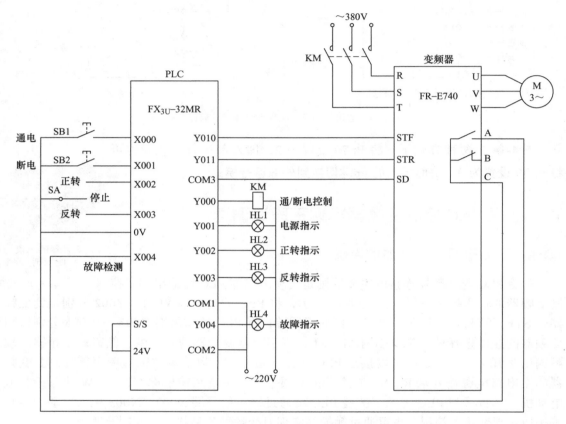

图 4-16 PLC 控制变频器正反转的控制电路图

表 4-7 PLC 控制正反转的 I/O 分配表

输入			输出		
元件	地址	功能	元件	地址	功能
SB1	X000	通电按钮	KM	Y000	通/断电接触器
SB2	X001	断电按钮	HL1	Y001	电源指示
SA	X002/X003	正/反切换开关	HL2	Y002	正转指示
变频器输出 A、C	X004	故障检测	HL3	Y003	反转指示
			HL4	Y004	故障指示

（续）

输入			输出		
元件	地址	功能	元件	地址	功能
			变频器 STF	Y010	正转控制
			变频器 STR	Y011	反转控制

变频器参数设置见表 4-8。

表 4-8 变频器参数设置表

参数编号	参数名称	设定值
Pr.1	上限频率	50Hz
Pr.2	下限频率	0Hz
Pr.3	基准频率	50Hz
Pr.7	加速时间	5s
Pr.8	减速时间	3s
Pr.79	运行模式	3

程序如下：

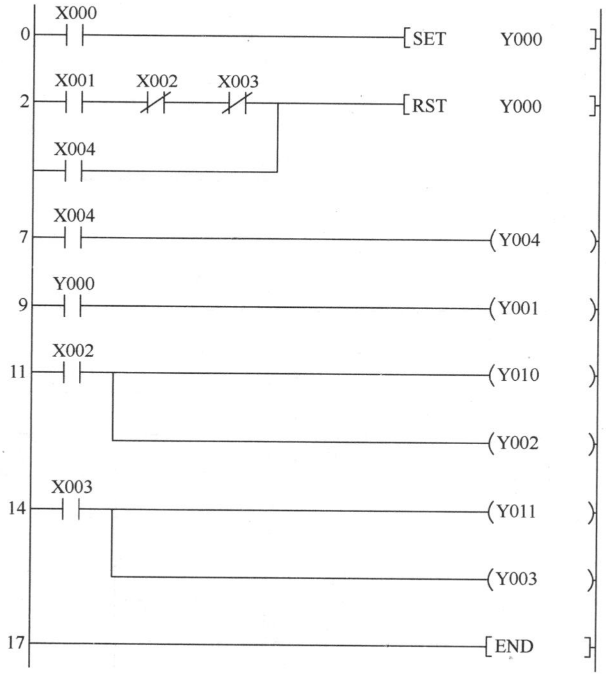

2. 变频器的三段速控制

图 4-17 所示为 PLC 控制变频器实现三段速的控制电路图。这里使用触摸屏实现变频

器的控制及状态监视。PLC 的 I/O 地址分配见表 4-9。

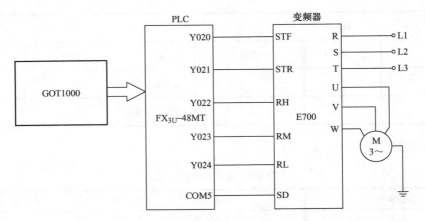

图 4-17　PLC 控制变频器三段速的控制电路图

表 4-9　PLC 控制三段速的 I/O 分配表

输入			输出		
元件	地址	功能	元件	地址	功能
触摸屏按钮"电源"	M0	通电	变频器 STF/ 触摸屏"正转"指示灯	Y020	正转控制 / 指示
触摸屏按钮"正转"	M1	正转启动	变频器 STR/ 触摸屏"反转"指示灯	Y021	反转控制 / 指示
触摸屏按钮"反转"	M2	反转启动	变频器 RH/ 触摸屏"高速"指示灯	Y022	高速控制 / 指示
触摸屏按钮"高速"	M3	选择高速	变频器 RM/ 触摸屏"中速"指示灯	Y023	中速控制 / 指示
触摸屏按钮"中速"	M4	选择中速	变频器 RL/ 触摸屏"低速"指示灯	Y024	低速控制 / 指示
触摸屏按钮"低速"	M5	选择低速	触摸屏"电源"指示	M10	电源指示

变频器参数设置见表 4-10。

表 4-10　变频器参数设置表

参数编号	参数名称	设定值
Pr.1	上限频率	50Hz
Pr.2	下限频率	0Hz
Pr.3	基准频率	50Hz
Pr.4	高速频率	40Hz
Pr.5	中速频率	25Hz
Pr.6	低速频率	10Hz
Pr.7	加速时间	1s
Pr.8	减速时间	1s
Pr.79	运行模式	2

三段速控制触摸屏画面如图 4-18 所示。请读者参照正反转程序自行编写程序。

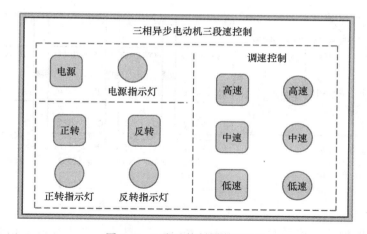

图 4-18　三段速控制触摸屏画面

变频器的无级调速控制

4.3　三菱 PLC 控制变频器实现无级调速

要实现变频器控制电动机的无级调速，通常会使用模拟量输入端控制变频器的输出频率，如图 4-12 所示。图中采用了电位器实现模拟电压的调节，这种调节方法只能手动旋转电位器调频（调速），不能通过 PLC 实现频率值的调节。因此，可将电位器用 PLC 的 D/A 转换模块代替，由 D/A 转换模块输出模拟电压，实现变频器的频率调节，如图 4-19 所示。

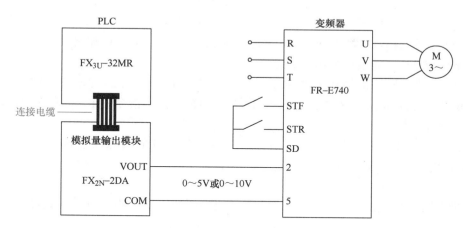

图 4-19　D/A 转换模块控制变频器无级调速接线图

4.3.1　三菱 PLC 扩展模块的连接及读写指令

FX 系列 PLC 吸取了整体式和模块式 PLC 的优点，各单元间采用叠装式连接，即 PLC 的基本单元、扩展单元和扩展模块深度及高度均相同，连接时不用基板，仅用扁平电缆连接，构成一个整齐的长方体，如图 4-20 所示。

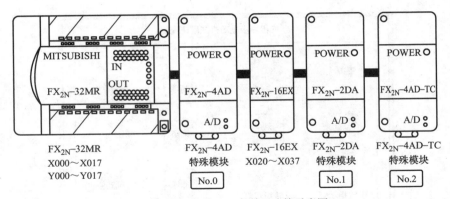

图 4-20　FX 系列 PLC 各单元连接示意图

各种 I/O 扩展模块及模拟量输入/输出模块、高速计数模块等特殊功能模块都可以连接到 FX 系列 PLC 基本单元的右边。对每个特殊功能模块按 0～7 的顺序编号，最多可连接 8 个特殊功能模块。在图 4-20 中，FX_{2N}-4AD、FX_{2N}-2DA、FX_{2N}-4AD-TC 这三个特殊功能模块的编号分别为 0、1、2。

这些特殊功能模块的操作可通过 FROM/TO 指令编程控制。

1. FROM 指令

FROM 指令用于将特殊功能模块的缓冲存储器（BFM）中的数据读入 PLC，格式如下：

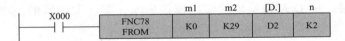

各操作数的含义如下：

1）目标操作数 [D.] 类型为 KnY，KnM、KnS、T、C、D、V 和 Z。

2）m1 为特殊功能模块的编号，m1＝0～7；

3）m2 为该特殊功能模块中缓冲存储器（BFM）的编号，m2＝0～32767；

4）n 是待传送数据的字数，n＝1～32767，16 位操作指令的 n＝2 和 32 位操作指令的 n＝1 含义相同。

上述指令的功能是当 X000 接通后，PLC 从编号为 0 的特殊功能模块 BFM 地址 29、30 中将两个字的数据读入 D2、D3 中。

2. TO 指令

TO 指令可将数据从 PLC 写入特殊功能模块的缓冲存储器中。指令格式如下：

	X001	FNC79 TO	m1 K1	m2 K12	[S.] D0	n K1

其中，源操作数 [S.] 可取所有的数据类型，m1、m2、n 的取值范围与 FROM 指令相同。

上述指令的功能是将 PLC D0 存储单元的数据写入编号为 1 的特殊功能模块 BFM 地址为 12 的存储单元中。

4.3.2　FX_{2N}-2AD 的基本使用

FX_{2N}-2AD 型 PLC 模拟量输入模块用于将两路模拟量输入（电压输入或电流输入）转

换成 12 位的数字值。并将这个值输入到可编程序控制器 PLC 中。

它具有以下特点：

1）根据接线方法，输入可在电压输入和电流输入方式中进行选择。

2）两个模拟量输入通道可接受的输入为 DC 0～10V、DC0～5V 或 4～20mA。

3）模拟量到数字量的转换特性可以调节。

4）块占用 8 个 I/O 点，它们可以被分配为输入或输出。

5）使用 FROM/TO 指令与 PLC 进行数据传输。

1. 外形与接线

FX$_{2N}$-2AD 模拟量模块外形尺寸如图 4-21 所示。

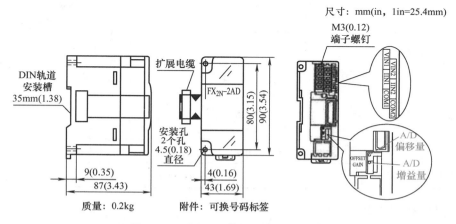

图 4-21　FX$_{2N}$-2AD 模拟量模块外形尺寸

FX$_{2N}$-2AD 的外部接线图如图 4-22 所示。两个通道应同时采用电压或电流输入，不能将一个通道作为模拟电压输入而将另一个通道作为电流输入，这是因为两个通道使用相同的偏移量和增益值。如果电压输入存在波动或有大量噪声时，应在图 4-22 中位置 *2 处连接一个 0.1～0.47μF 的电容器。

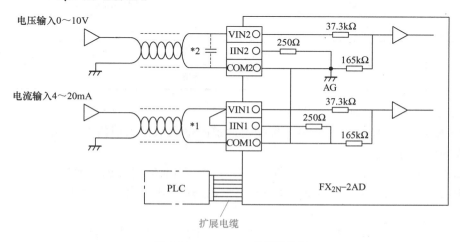

图 4-22　FX$_{2N}$-2AD 外部接线图

2. 性能指标

FX_{2N}-2AD 的主要性能指标见表 4-11。

表 4-11　FX_{2N}-2AD 的主要性能指标

项目	电压输入	电流输入
模拟量输入范围	DC 0 ～ 10V，DC 0 ～ 5V（输入阻抗为 200kΩ）	4 ～ 20mA（输入阻抗为 250Ω）
分辨率	2.5mV（10V/4000），1.25mV（5V/4000）	4μA[（20–4）/4000]
数字输出	12 位	
输入特性		
集成精度	± 1%（全范围 0 ～ 10V）	± 1%（全范围 4 ～ 20mA）
处理时间	2.5ms/ 通道	

3. 缓冲区 BFM 分配

FX_{2N}-2AD 模块的内部数据缓冲区 BFM 地址分配见表 4-12。

表 4-12　FX_{2N}-2AD 模块的内部数据缓冲区 BFM 地址分配

BFM 编号	b15 ～ b8	b7 ～ b4	b3	b2	b1	b0
#0	保留	输入数据的当前值（低 8 位）				
#1	保留		输入数据的当前值（高 4 位）			
#2 ～ #16	保留					
#17	保留				A/D 转换开始	通道选择
#18 以上	保留					

缓冲区 BFM 各地址详细说明如下：

1）BFM#0：由 BFM#17 的第 0 位指定通道的输入数据当前值的低 8 位被存储。当前值以二进制形式存储。

2）BFM#1：输入数据当前值的高 4 位被存储。当前值以二进制形式存储。

3）BFM#17：b0 位　指定 A/D 转换的通道。b0 = 0 为通道 1（CH1），b0 = 1 为通道 2（CH2）

　　　　　　　　b1 位　当出现 0 到 1 的上升沿时，A/D 转换开始。

4. 编程实例

以下两段程序可实现两个 A/D 转换通道的数据转换。首先，需要确定哪个通道进行 A/D 转换，然后启动 A/D 转换，最后保存数据到指定的存储单元。请读者注意两段程序的区别，思考在 A/D 转换模块与 PLC 扩展位置变化及转换通道发生变化时，需要对程序进行哪些修改？

```
X000
 ─┤├────────────[TO K0 K17 H0000 K1]      ; 选择A/D输入通道1
        ├────────[TO K0 K17 H0002 K1]      ; CH1的A/D转换开始
        ├────────[FROM K0 K0 K2M100 K2]    ; 读取通道1的数字值
        └────────[MOV K4M100 D100]         ; 通道1的高4位移到低8位
                                             存储单元，存入D100
X001
 ─┤├────────────[TO K0 K17 H0001 K1]      ; 选择A/D输入通道2
        ├────────[TO K0 K17 H0003 K1]      ; CH2的A/D转换开始
        ├────────[FROM K0 K0 K2M100 K2]    ; 读取通道2的数字值
        └────────[MOV K4M100 D101]         ; 通道2的高4位移到低8位
                                             存储单元，存入D101
```

5. 偏置和增益的调整

FX$_{2N}$-2AD 模块在出厂时已调整了偏置和增益。当采用电压输入 0 ~ 10V 时，偏置和增益调整到数字值为 0 ~ 4000。当 FX$_{2N}$-2AD 采用电流输入或电压 0 ~ 5V 输入时，就必须进行偏置和增益调整。偏置和增益调整的接线图如图 4-23 所示。

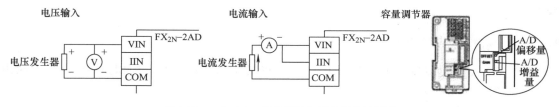

图 4-23　FX$_{2N}$-2AD 模块偏置和增益调整接线图

（1）增益调整　用一字螺钉旋具调整增益旋钮（GAIN），使输入输出关系如图 4-24 所示。

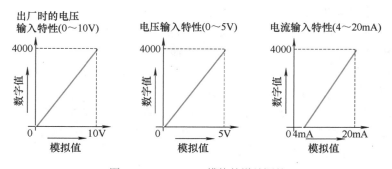

图 4-24　FX$_{2N}$-2AD 模块的增益调整

（2）偏置调整　用一字螺钉旋具调整偏置旋钮（OFFSET），使输入输出关系如图 4-25 所示。

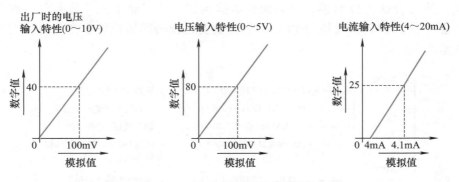

图 4-25　FX_{2N}-2AD 模块的偏置调整

在进行增益调整和偏置调整时，两个通道 CH1 和 CH2 是同时完成的。调整过程应注意以下几点：

1）调整时应反复交替进行偏置和增益的调整，直到获得稳定的数值。

2）当调整偏置和增益时，按增益调整和偏置调整的顺序进行。

3）当数字值不稳定时，应进行平均值计算，调整偏移量和增益值。

练习　在 FX_{2N}-2AD 模块的电压输入端接一个可调电阻器，模拟输入 0 ~ 10V 的可调电压。试编程实现在触摸屏上显示可调电压的变化值，并对这个转换电压进行校准。

4.3.3　FX_{2N}-2DA 的基本使用

FX_{2N}-2DA 型模拟量输出模块用于将 12 位的数字值转换成两点模拟量输出（电压输出或电流输出）。

它具有以下特点：

① 根据接线方法，模拟输出可在电压输出和电流输出方式中进行选择。

② 两个模拟量输出通道可输出为 DC 0 ~ 10V、DC 0 ~ 5V 或 4 ~ 20mA 三种模拟量。

③ 分辨率为 2.5mV（DC 0 ~ 10V）和 4μA（4 ~ 20mA）

④ 数字量到模拟量的转换特性可以调节。

⑤ 模块占用 8 个 I/O 点，它们可以被分配为输入或输出。

⑥ 使用 FROM/TO 指令与 PLC 进行数据传输。

1. 外形与接线

FX_{2N}-2DA 模块外形尺寸如图 4-26 所示。

FX_{2N}-2DA 模块的外部接线图如图 4-27 所示。如果电压输入存在波动或有大量噪声时，应在图 4-27 中位置 *1 处连接一个 0.1 ~ 0.47μF 25V（直流）的电容器。如果采用电压输出，应将 IOUT 和 COM 进行短路。

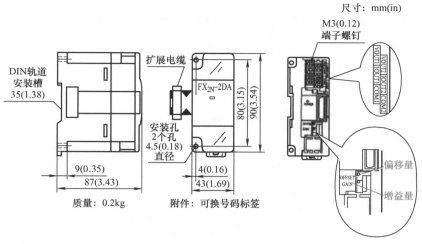

图 4-26 FX$_{2N}$-2DA 模块外形尺寸

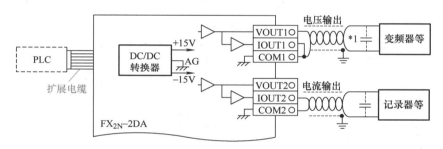

图 4-27 FX$_{2N}$-2DA 模块的外部接线图

2. 性能指标

FX$_{2N}$-2DA 的主要性能指标见表 4-13。

表 4-13 FX$_{2N}$-2DA 的主要性能指标

项目	电压输出	电流输出
模拟量输出范围	DC 0 ～ 10V，DC 0 ～ 5V（外部负载阻抗为 2kΩ ～ 1MΩ）	4 ～ 20mA（外部负载阻抗为 500Ω 或更小）
分辨率	2.5mV（10V/4000），1.25mV（5V/4000）	4μA[（20-4）/4000]
数字输入	12 位	
输出特性	模拟值：0～10V 数字值：0～4000（图：10.238V，10V，4095，0～4000）偏置值是固定的	模拟值：4～20mA 数字值：0～4000（图：20.380mA，20mA，4095，4mA，0～4000）

（续）

项目	电压输出	电流输出
输出特性	当 13 位或更多位的数据输入时，只有最后 12 位是有效的。高位忽略，在 0 ～ 4095 的范围内使用数字值 可对两个通道中的每个通道进行输出特性的设置	
集成精度	±1%（全范围 0 ～ 10V）	±1%（全范围 4 ～ 20mA）
处理时间	4ms/ 通道	

3. 缓冲区 BFM 分配

FX_{2N}-2DA 模块的内部数据缓冲区 BFM 地址分配见表 4-14。

表 4-14　FX_{2N}-2DA 模块的内部数据缓冲区 BFM 地址分配

BFM 编号	b15 ～ b8	b7 ～ b3	b2	b1	b0
#0 ～ #15	保留				
#16	保留	输出数据的当前值（低 8 位或高 4 位）			
#17	保留		D/A 低 8 位数据保持	通道 1 D/A 转换开始	通道 2 D/A 转换开始
#18 以上	保留				

缓冲区 BFM 各地址详细说明如下：

① BFM#16：D/A 数据以 12 位二进制形式分为低 8 位和高 4 位数据，然后顺序写入，再由 BFM#17 中指定的位控制数据转换。

② BFM#17：b0 通过将 1 改变为 0，通道 2 的 D/A 转换开始。

b1 通过将 1 改变为 0，通道 1 的 D/A 转换开始。

b2 通过将 1 改变为 0，D/A 转换的低 8 位数据保持。

4. 编程实例

以下两段程序可实现两个 D/A 转换通道的数据转换。首先，将待转换的数据准备好，分两次写入 BMF#16，然后启动指定通道的 D/A 转换。请读者注意两段程序的区别，思考在 D/A 转换模块与 PLC 扩展位置变化及转换通道发生变化时，需要对程序进行哪些修改？

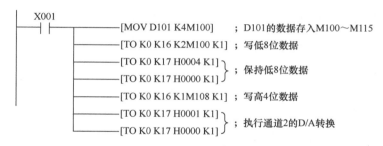

5. 偏置和增益的调整

FX$_{2N}$-2DA 模块在出厂时，已调整了偏置和增益，即数字值为 0 ～ 4000，电压输出为 0 ～ 10V。当 FX$_{2N}$-2DA 采用电流输出或使用的输出特性不是出厂时的输出特性时，就必须进行偏置和增益调整。偏置和增益值的调整是对数字值设置实际的输出模拟值，这是通过 FX$_{2N}$-2DA 的容量调节器使用电压计和安培计来完成的。偏置和增益的调整接线如图 4-28 所示。

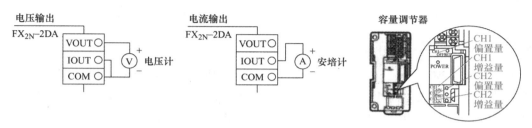

图 4-28　FX$_{2N}$-2DA 模块偏置和增益调整接线图

（1）增益调整　增益值可设置为任意数字值。但是，为了将 12 位分辨率调整到最大，可使用的数字范围为 0 ～ 4000。电压输出时，对 10V 的模拟输出值，数字值调整到 4000。电流输出时，对 20mA 的模拟输出值，数字值调整到 4000。两个通道可分别进行增益调整，如图 4-29 所示。

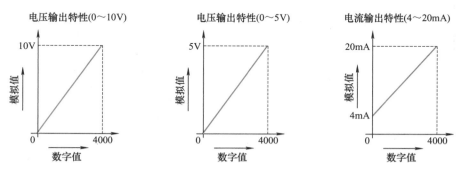

图 4-29　FX$_{2N}$-2DA 模块的增益调整

（2）偏置调整　用一字螺钉旋具调整偏置旋钮（OFFSET），使输入输出关系如图 4-30 所示。电压输出时，偏置值为 0V；电流输出时，偏置值固定为 4mA。

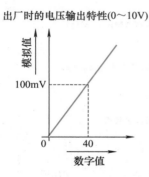 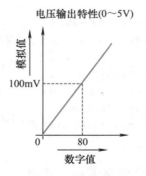 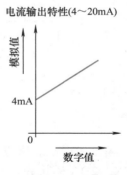

图 4-30　FX₂ₙ-2DA 模块的偏置调整

在进行增益调整和偏置调整时，调整过程应注意以下几点：

1）对通道 1 和通道 2 分别进行偏置调整和增益调整。

2）调整时应反复交替进行偏置和增益的调整，直到获得稳定的数值。

3）当调整偏置和增益时，按增益调整和偏置调整的顺序进行。

4.3.4　三相异步电动机的模拟信号变频调速

由图 4-19 所示可知，可采用 PLC 带 D/A 转换模块产生模拟电压实现对变频器的速度调节。为了实现 PLC 的速度调节信号输入，可增加触摸屏实现人机交互，其硬件接线图如图 4-31 所示，触摸屏画面设计如图 4-32 所示。由图可知，这个系统可以通过频率设定栏输入频率值进行频率设定，还可通过"频率加 1""频率减 1"按钮进行频率的加减控制，此外可通过柱状图实现频率变化的动态显示。

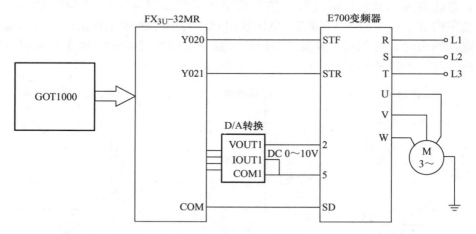

图 4-31　触摸屏、PLC 带 D/A 转换模块产生模拟电压调节硬件接线图

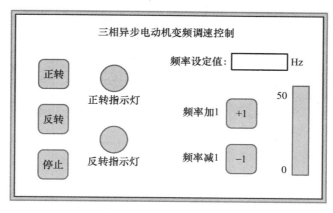

图 4-32　触摸屏画面设计图

变频器参数设置见表 4-15。

表 4-15　变频器参数设置表

参数编号	参数名称	设定值
Pr.1	上限频率	50Hz
Pr.2	下限频率	0Hz
Pr.3	基准频率	50Hz
Pr.7	加速时间	1s
Pr.8	减速时间	1s
Pr.73	模拟量输入选择	0
Pr.79	运行模式	2

其中，Pr.73 参数的功能见表 4-6。Pr.79 参数的功能见表 4-3。

PLC 带 D/A 模块调速的 I/O 分配表见表 4-16。

表 4-16　PLC 带 D/A 模块调速的 I/O 分配表

输入			输出		
元件	地址	功能	元件	地址	功能
触摸屏按钮 "正转"	M1	正转启动	变频器 STF/ 触摸屏 "正转" 指示灯	Y020	正转控制 / 指示
触摸屏按钮 "反转"	M2	反转启动	变频器 STR/ 触摸屏 "反转" 指示灯	Y021	反转控制 / 指示
触摸屏按钮 "停止"	M3	停止			
触摸屏按钮 "+1"	M10	频率加 1			
触摸屏按钮 "−1"	M11	频率减 1			
触摸屏频率设定值	D100	存储频率设定值			

设计程序时，应注意各数据在不同位置的含义，如图 4-33 所示。请读者自行完成触摸屏画面及 PLC 编程，并进行调试。

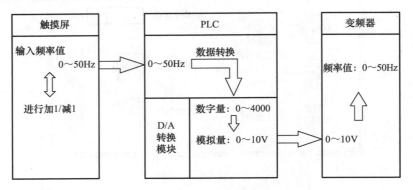

图 4-33 触摸屏、PLC、变频器中各数据关系

变频器除了可使用模拟电压进行调节外，还可使用模拟电流量对变频器速度进行调节，其接线图如图 4-34 所示。若采用电流信号进行速度控制，需修改 D/A 转换输出信号接线，并对变频器相关参数进行修改。

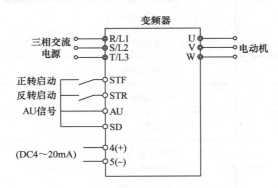

图 4-34 模拟电流调节变频器速度接线图

习　题

4.1 三菱 E700 系列变频器主电路接线端有哪些？如何与电源及电动机进行连接？

4.2 三菱 E700 系列变频器控制电路有哪些输入控制端？其中，STF、STR 是用来控制什么的输入端？

4.3 三菱 E700 系列变频器常用的运行模式有哪 4 种？如何进行运行模式的设置？

4.4 三菱 E700 系列变频器如何通过开关实现三段速控制？

4.5 假设有一台三相异步电动机通过三菱 E700 系列变频器进行变频调速，已知电动机的功率为 2.2kW，转速范围为 200 ～ 1450r/min，要求使用操作面板进行频率和运行控制，请设置变频器的参数。

4.6 三菱 FROM/TO 指令中的操作数 m1、m2 是何含义，如何进行设置？

4.7 三菱 FX_{2N}-2AD 模块的分辨率为多少？转换结束后的数字量输出范围是多少？

4.8 若想将模拟量输入信号调整为电流输入，如何对三菱 FX_{2N}-2AD 模块进行调整？

4.9 假设有一变频控制系统，PLC 与变频器的硬件接线图如图 4-17 所示。试根据图 4-35 所示电动机频率曲线图设计 PLC 程序及触摸屏画面，并对变频器进行参数设置。其中，上升各阶段速度与下降各阶段速度相同、时间相同，可通过触摸屏进行速度及时间的设置。

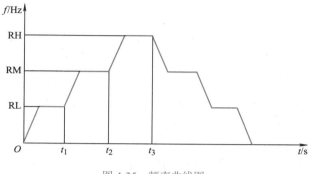

图 4-35 频率曲线图

第 5 章

步进电动机控制系统

主要知识点及学习要求

1）了解步进电动机的结构及工作原理。
2）了解步进驱动器的组成、细分原理。
3）掌握步进驱动器的使用方法。
4）掌握 FX_{3U} 系列 PLC 脉冲指令的使用方法。
5）掌握步进电动机定位控制编程。

5.1 步进电动机的种类、结构及工作原理

步进电动机
的结构及工
作原理

步进电动机是一种将电脉冲转换为相应角位移的执行机构。一般电动机是连续旋转的，而步进电动机的转动是一步一步进行的。每当输入一个电脉冲，电动机就转动一个角度，前进一步。脉冲一个一个地输入，电动机便一步一步地转动，"步进电动机"由此得名。它输出的角位移与输入的脉冲数成正比，转速与脉冲频率成正比，控制输入脉冲数量、频率及电动机各相绕组的通电顺序，就可以实现精准的定位控制。

由于步进电动机可将输入的数字脉冲信号转换成相应的角位移，易于采用计算机控制，而且只要电动机绕组保持通电状态，步进电动机就可停在某一位置不动，因此被广泛用于开环控制系统中。步进电动机驱动的开环拉制系统由于结构简单、使用维护方便、可靠性高、制造成本低等一系列的优点，特别适合于简易经济型数控机床和现有普通机床的数控化技术改造，并且在中小型机床和速度、精度要求不十分高的场合得到了广泛的应用。

步进电动机最大的*缺点*在于容易失步，特别是在大负载和精度较高的情况下，失步更容易发生。随着智能超微步驱动技术的发展，步进电动机的缺点得到了极大的改善，性能也已经提高到一个新的水平。

5.1.1 步进电动机的种类

步进电动机种类繁多，按其运动形式分为旋转式步进电动机和直线式步进电动机两大类；按定子绕组相数来分，有单相、二相、三相、四相和五相等；按结构还可以分为单段式和多段式步进电动机；按其工作原理可分为反应式、永磁式和混合式步进电动机三类。

下面简单介绍反应式、永磁式和混合式这三种步进电动机的特点。

1. 反应式（Variable Reluctance）步进电动机

反应式（VR）步进电动机定子上装有产生脉冲电磁场的绕组，转子由软磁材料组成。其结构简单，成本低，步距角小（可达 1.2°）；但动态性能差，效率低，发热大，可靠性难以保证。

2. 永磁式（Permanent Magnet）步进电动机

永磁式（PM）步进电动机的定子是用线圈套在爪形磁极上做成的，转子用永磁材料制成，转子的极数与定子的极数相同。它动态性能好，输出力矩大，但精度差，步矩角大（一般为 7.5° 或 15°），成本低廉。

3. 混合式（Hybrid Stepping）步进电动机

混合式（HS）步进电动机综合了反应式和永磁式步进电动机的优点，其定子有多相绕组，转子采用永磁材料，转子和定子均有多个小齿以提高步矩精度。它输出力矩大，动态性能好，步距角小，但结构复杂，成本相对较高，是目前性能最好的步进电动机之一，有时也称其为永磁感应子式步进电动机。

目前，最受欢迎的是两相混合式步进电动机，市场份额占据绝对优势，其原因是性价比高，配上细分驱动器后效果良好。该种电动机的基本步距角为 1.8°，配上半步驱动器后，步距角减小为 0.9°，配上细分驱动器后其步距角可细分上万倍。但由于摩擦力和制造精度等原因，其实际精度略微有所下降。

5.1.2　步进电动机的结构及工作原理

步进电动机的外形和内部结构如图 5-1 所示，图 5-2 是一典型的三相反应式步进电动机的结构示意图。它与普通电动机一样，分为定子和转子两部分，其中定子包括定子铁心和定子绕组。定子铁心由硅钢片叠压而成，定子绕组是绕在定子铁心 6 个均匀分布的齿上的线圈，在直径方向上相对的两个齿上的线圈串联在一起，构成一相控制绕组。转子由叠片铁心构成，沿圆周有很多小齿。定子磁极和转子上小齿的齿距必须相等。

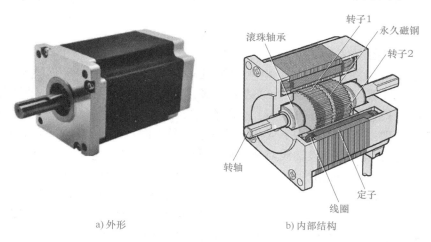

a) 外形　　　　　　　　　　b) 内部结构

图 5-1　步进电动机的外形及内部结构

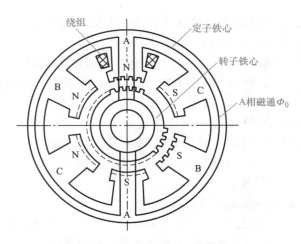

图 5-2　三相反应式步进电动机的结构示意图

　　步进电动机的工作原理是基于磁通总是要沿着磁阻最小的路径闭合而产生电磁拉力形成的转矩作用而转动的。下面以三相反应式步进电动机为例介绍其工作原理。如图 5-3 所示，假设三相反应式步进电动机定子内圆周均匀分布着六个磁极，磁极上有励磁绕组，每两个相对的绕组组成一相。转子有四个均匀分布的齿 1、2、3、4。

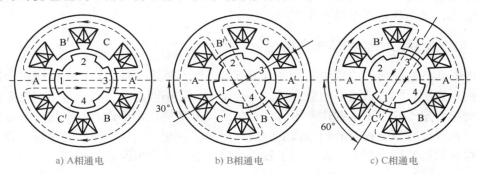

| a) A相通电 | b) B相通电 | c) C相通电 |

图 5-3　三相单三拍运行方式

1. 三相单三拍运行

　　如果给定子绕组轮流通电，通电顺序为 A→B→C→A→……。当 A 相通电，B、C 相不通电时，气隙产生以 A-A' 为轴线的磁场，因磁通总是沿磁阻最小的路径闭合，故电动机转子 1、3 齿受磁拉力的作用，会转到图 5-3a 所示位置，即转子齿 1 和 3 与 A-A 极轴线对齐；同理，当 B 相通电，A、C 相绕组不通电时，B 相绕组产生的磁拉力使转子齿 2、4 旋转，直到与 B-B' 极轴线对齐，此时转子将在空间上逆时针旋转 30°，如图 5-3b 所示；当 C 相通电，A、B 相绕组不通电时，C 相绕组产生的磁拉力使转子齿 1、3 与 C-C 极轴线对齐，转子将在空间继续逆时针旋转 30°，如图 5-3c 所示。如此循环往复，如果按 A→B→C→A…… 的顺序通电，电动机便按逆时针方向转动。电动机的转速取决于绕组与电源接通或断开的变化频率。若按 A→C→B→A…… 的顺序通电，则电动机顺时针转动。

　　电动机定子绕组每改变一次通电方式，称为一拍，此时电动机转子转过的空间角度称为*步距角*，用 θ 表示。上述通电方式称为*三相单三拍*。"三相"指三相步进电动机；"单"是指每次只有一相绕组通电；"三拍"是指经过三次切换绕组的通电状态为一个循环。它的步距角为 30°。

当步进电动机从一相绕组通电切换到另一相绕组通电时，由于电动机绕组是电感性元件，磁场的消失或建立均需一定时间，因此当切换频率较高或在步进电动机起动时，容易使电动机产生失步，也就是漏掉了脉冲，而没有运动到指定位置。此外，由于单一绕组通电吸引转子容易使转子在平衡位置附近产生振荡，运行的稳定性较差，所以很少采用。

2. 三相单 - 双六拍运行

这种方式的通电顺序是按 A → AB → B → BC → C → CA → A……循环通电的，共有 6 种通电状态，这 6 种通电状态中有时只有一相绕组通电（如 A 相），即单拍，有时有两相绕组同时通电（如 A 相和 B 相），即双拍，故称为*三相单 - 双六拍*，如图 5-4 所示。由于切换过程中总有一相绕组处于通电状态，因此不易发生失步和振荡。这种通电方式的步距角是 15°，也就是三相单三拍的一半。

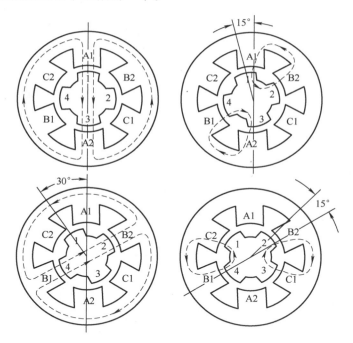

图 5-4　三相单 - 双六拍运行方式

除了以上两种通电方式外，还可以采用双三拍的通电方式，这种方式的通电顺序是按 AB → BC → CA → AB……循环通电的。三相双三拍的步距角也是 30°。

无论步距角是 30° 还是 15°，都太大了，为了提高控制精度，可以将定子的凸极和转子做成多个小齿的结构，如图 5-2 所示。齿数越多，步距角越小，精度越高。此外，还可以通过增加定子绕组的相数提高精度，如做成四相、五相、六相等，但是相数越多，其供电电源越复杂，成本也越高。

5.1.3 步进电动机的主要参数

步进电动机的主要参数如下。

1）相数：是指电动机内部的线圈组数，目前常用的有两相、三相、四相、五相步进电动机。

2）拍数：是指完成一个磁场周期性变化所需脉冲数或导电状态，用 m 表示。或指电动机转过一个齿距角所需脉冲数。通常把单拍运行称为整步运行，把双拍运行称为半步运行。

3）步距角：是指对应一个脉冲信号，步进电动机转子转过的角位移。它表示步进电动机的分辨率。步距角越小，步进电动机分辨率越高，定位精度也越高。

4）保持转矩：是指步进电动机通电但没有转动时，定子锁住转子的力矩。

5）定位转矩：表示电动机在不通电状态下，电动机转子自身的锁定力矩。

6）失步与过冲：是指电动机运转时运转的步数不等于理论上的步数的情况。*失步*指漏掉了脉冲而不能到达指定位置的情况，一般出现在步进电动机起动时；而*过冲*是指运动超过了指定位置的情况，通常出现在停止时。可通过加入适当的加减速控制避免失步和过冲。

7）失调角：是指转子齿轴线偏移定子齿轴线的角度。步进电动机运转时必定存在失调角，由失调角产生的误差采用细分驱动是不能解决的。

8）运行矩频特性：是指电动机在某种测试条件下测得运行中输出力矩与频率关系的曲线，如图 5-5 所示。由矩频特性可知，步进电动机的力矩会随转速的升高而下降。

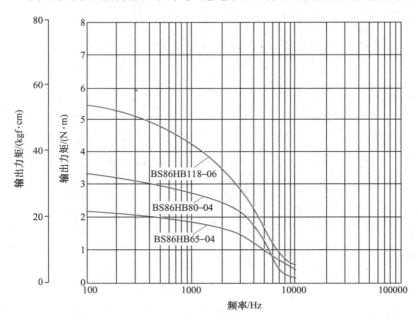

图 5-5　步进电动机的矩频特性

5.2　步进电动机驱动器

步进电动机是一种开环伺服运动系统执行元件，以脉冲方式进行控制，输出角位移。与交流伺服电动机及直流伺服电动机相比，其突出优点就是价格低廉，并且无累积误差。

但是，步进电动机运行存在许多不足之处，如低频振荡、噪声大、分辨率不高等，又严重制约了步进电动机的应用范围。

通过细分步进电动机驱动方式，不仅可以减小步进电动机的步距角，提高分辨率，而且可以减少或消除低频振动，使电动机运行更加平稳均匀。

5.2.1　步进电动机驱动器的组成

步进电动机的基本控制主要包括转向控制和速度控制两个方面。步进电动机驱动器是一种能使步进电动机运转的功率放大器，它能把控制器发来的脉冲信号转换为步进电动机的角位移。通过发出脉冲频率的不同，实现电动机转速的控制；通过发出脉冲相序的不同，实现转向的控制。步进电动机驱动控制系统如图 5-6 所示，步进电动机驱动器主要由环形分配器细分电路和功率放大电路两大部分组成。

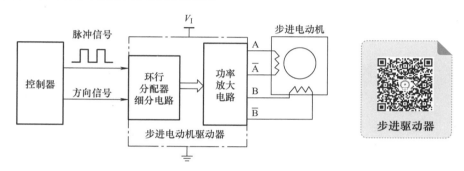

图 5-6　步动电动机驱动控制系统

1. 环形分配器细分电路

环形分配器细分电路主要包含环形分配器和细分驱动器。其中，环形分配器的主要功能是把来自控制环节的单路脉冲序列按一定规律分配成多路脉冲信号后，经过功率放大器的放大输入步进电动机的各相绕组中，以达到驱动步进电动机的目的。

在步进电动机步距角不能满足使用条件的前提下，可采用细分电路来改善步进电动机的工作特性。通过细分电路细分后，可以减小步距角，提高步进电动机的分辨率和步距的均匀度，还可以减少电动机噪声，消除电动机的低频振荡，提高电动机轴输出的平稳性。尤其是对三相反应式步进电动机，其力矩比不细分时提高约 30% ~ 40%。

2. 功率放大电路

功率放大电路是步进电动机驱动控制系统最为重要的部分。步进电动机在一定转速下的转矩取决于它的动态平均电流而非静态电流。平均电流越大，电动机力矩越大，要实现平均电流大，就需要专门的功率放大电路。由于步进电动机应用于不同的场合，对控制性能的要求不同，因而功率放大电路也有多种类型，如单电压功率驱动、双电压功率驱动、高低压功率驱动、斩波恒流功率驱动、升频升压功率驱动等。

5.2.2　步进电动机驱动器细分原理

步进电动机驱动器的细分是通过改变 A、B、C 相电流的大小，使这些相电流合成后形成的磁场夹角减小，从而将一个步距角细分为多步。其基本方法是控制每相绕组电流的波形，使其由原来的方波改变为阶梯上升或下降的阶梯波，即在 0 和最大值之间给出多个稳定的中间状态，定子磁场的旋转过程中也就有了多个稳定的中间状态，使电动机转子旋转时步数增多、步距角减小，如图 5-7 所示。一般细分驱动形成的阶梯波都是按正弦曲线规律变化的，相比矩形脉冲波平滑得多，因而可以有效地消除低频振动现象。步进电动机细分电路一般采用单片机控制。

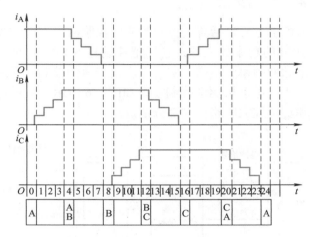

图 5-7　细分电流示意图

当步进电动机采用不同的细分时，电动机的步距角也会不同，见表 5-1。

表 5-1　驱动器细分前后步距角对比

电动机固有步距角	所用驱动器类型及工作状态	电动机运行时的真正步距角
0.9°/1.8°	驱动器工作在半步状态	0.9°
0.9°/1.8°	驱动器工作在 5 细分状态	0.36°
0.9°/1.8°	驱动器工作在 10 细分状态	0.18°
0.9°/1.8°	驱动器工作在 20 细分状态	0.09°
0.9°/1.8°	驱动器工作在 40 细分状态	0.045°

此时，步进电动机的转速（r/s）= 脉冲频率 /（电动机每转整步数 × 细分数），即

$$v = \frac{P\theta_e}{360m}$$

式中，v 为电动机转速（r/s）；P 为脉冲频率（Hz）；θ_e 为电动机固有步距角；m 为细分数（整步为 1，半步为 2）。

5.2.3　步进电动机驱动器的接线方法

为了抗干扰，步进电动机驱动器常采用光电隔离方法进行信号连接。常用的步进电动机驱动器的接线方法有共阳极接法、共阴极接法和差分接法。图 5-8 和图 5-9 所示分别为步进电动机驱动器的共阳极和共阴极接法，这两种接法的三个输入信号共一个电源正极或共地。图 5-10 为差分接法，这种方式传输抗干扰能力强，传输距离长。在驱动器与

控制器相连时，要注意 PLC 的输出信号电路类型（源型还是漏型）及脉冲输出控制类型（脉冲＋方向还是正反脉冲）。三菱 FX$_{3U}$ 系列 PLC 与步进电动机驱动器的连接常采用共阳极接法。

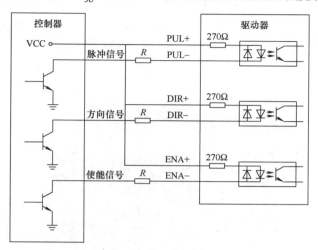

图 5-8　共阳极接法

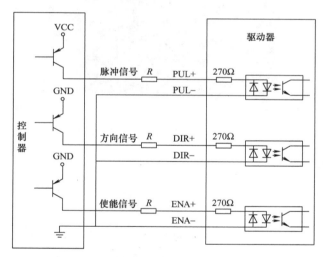

图 5-9　共阴极接法

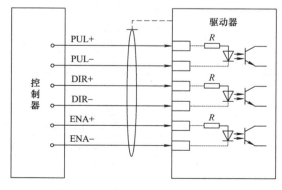

图 5-10　差分接法

5.2.4 SJ–2H057MSA 型步进驱动器

SJ-2H057MSA 型步进驱动器是常州双杰电子有限公司利用伺服技术研发出的高性能步进电动机驱动器，其矩频曲线平滑，全正弦波输出，可明显抑制电动机振动和噪声，可匹配国内外各种品牌外径为 57、85BYG 的 4 线、6 线及 8 线两相混合式步进电动机，如图 5-11 所示。

图 5-11　SJ-2H057MSA 型步进驱动器外形

其信号端子说明见表 5-2。

表 5-2　驱动器信号端子说明

信号	功能
CP+/CW+	脉冲信号正端：用于驱动电动机转动 / 正向脉冲 +
CP–/CW–	脉冲信号负端 / 正向脉冲 –
DIR+/CCW+	方向信号正端：用于改变电动机旋转方向 / 反向脉冲 +
DIR–/CCW–	方向信号负端 / 反向脉冲 –
EN+	使能信号正端：用于控制电动机是否处于自由转动状态
EN–	使能信号负端
GND	直流电源地
VDD	直流电源正极，典型值 24V
A+	电动机 A 相：接两相混合式步进电动机的出线 A+
A–	电动机 A 相：接两相混合式步进电动机的出线 A–
B+	电动机 B 相：接两相混合式步进电动机的出线 B+
B–	电动机 B 相：接两相混合式步进电动机的出线 B–

1. 性能特点

1）宽电压范围 DC20 ～ 80V/4A 直流供电。

2）高达 28 种细分（步数）可选，最大步数 60000P/r。

3）最大输出电流峰值为 6.0A，15 档电流值可选。

4）具有过热、过电流、过电压、欠电压、错相保护功能。

5）低速防抖，低发热量，超低噪声。

6）单／双脉冲可设定，出厂设置为单脉冲方式。

7）具有自检测功能，不需外部信号可以检测驱动器与电动机的好坏。

8）自动半流功能，可降低电动机、驱动器的温升。

9）输入信号 TTL 兼容且光电隔离。

2. 电流、细分拨码开关设置

在驱动器顶部有 10 位 SW 功能拨码开关，其中 SW1 ～ SW5 为细分选择，SW6 为低功耗选择，SW7 ～ SW10 为输出电流选择。采用双极恒流方式，最大输出电流值为 6A/ 相（峰值），根据驱动器侧面第 7、8、9、10 位拨码开关的不同组合可以方便地选择 15 种电流值，从 0.5 ～ 6.0A，见表 5-3。如需选择电流为 3.5A，则将拨码开关的第 7 位和第 10 位设置为 OFF 位置，即 3.0A+0.5A = 3.5A。开关往下拨为"ON" = 0，往上拨为"OFF" = 1。

3. 单／双脉冲功能设定

（1）单脉冲设定方法：驱动器加电前，把开关的 1 ～ 5 位设定为 00000，然后给驱动器加电，等待 2 ～ 5s 直到绿灯闪烁后断电，再通电设定所需步数 / 转。出厂默认为单脉冲方式。

（2）双脉冲设定方法：驱动器加电前，把开关的 1 ～ 5 位设定为 11111，然后给驱动器加电，等待 2 ～ 5s 直到绿灯闪烁断电，再通电设定所需步数 / 转。

表 5-3　电流、细分拨码开关设置表

细分选择						电流选择				
细分数	SW1	SW2	SW3	SW4	SW5	电流值	SW7	SW8	SW9	SW10
CP/DIR	0	0	0	0	0	0.5	0	0	0	1
200	0	0	0	0	1	0.9	0	0	1	0
400	0	0	0	1	0	1.4	0	0	1	1
500	0	0	0	1	1	1.6	0	1	0	0
600	0	0	1	0	0	2.1	0	1	0	1
800	0	0	1	0	1	2.5	0	1	1	0
1000	0	0	1	1	0	3.0	0	1	1	1
1200	0	0	1	1	1	3.0	1	0	0	0
1600	0	1	0	0	0	3.5	1	0	0	1
2000	0	1	0	0	1	3.9	1	0	1	0
2400	0	1	0	1	0	4.4	1	0	1	1

（续）

细分选择						电流选择				
细分数	SW1	SW2	SW3	SW4	SW5	电流值	SW7	SW8	SW9	SW10
2500	0	1	0	1	1	4.6	1	1	0	0
3000	0	1	1	0	0	5.1	1	1	0	1
3200	0	1	1	0	1	5.5	1	1	1	0
3600	0	1	1	1	0	6.0	1	1	1	1
4000	0	1	1	1	1					
5000	1	0	0	0	0					
6000	1	0	0	0	1					
6400	1	0	0	1	0					
7200	1	0	0	1	1					
8000	1	0	1	0	0					
10000	1	0	1	0	1					
12000	1	0	1	1	0					
12800	1	0	1	1	1					
20000	1	1	0	0	0					
24000	1	1	0	0	1					
30000	1	1	0	1	0					
40000	1	1	0	1	1					
60000	1	1	1	0	0					
NOP	1	1	1	0	1					
TEST	1	1	1	1	0					
CW/CCW	1	1	1	1	1					

4. 自检方法

驱动器加电前，把开关 1～5 位设定为 11110，然后给驱动器加电，等待 2～5s 后，驱动器以 60r/min 的速度正转 10 周后，再反转 10 周，循环执行，同时红灯与绿灯交替亮，此功能用于检测驱动器与电动机的连接是否正确，而不需要用户提供脉冲信号，断电后再设定步数 / 转。

5.3 步进电动机的定位控制

由于步进电动机具有快速起停、精确定位的特点，且步进电动机定位控制为开环控制，比伺服电动机控制和调试相对简单，因此在转速和定位精度要求不高的场合常使用步进电动机实现定位控制，例如，线切割的工作台拖动，电脑绣花机，包装机（定长度）等。

步进电机的
定位控制

5.3.1　FX 系列高速脉冲输出指令

　　FX 系列 PLC 内置高速脉冲输出端子，可以直接输出高速脉冲。FX_{2N} 系列 PLC 规定了 Y000、Y001 为高速脉冲输出口，FX_{3U} 系列 PLC 规定了 Y000、Y001 和 Y002 为高速脉冲输出口。可通过"脉冲 + 方向"的方式实现定位控制，一般使用高速脉冲输出口输出高速脉冲，使用普通输出口控制方向。FX_{2N} 系列 PLC 的高速脉冲输出口只能输出最高 20kHz 的高速脉冲，且无内置定位指令，只能使用脉冲输出指令完成简单的定位控制，如果要实现更为复杂的定位控制，则需要选用 FX_{2N}-1PG、FX_{2N}-10PG、FX_{2N}-10GM、FX_{2N}-20GM 等定位模块实现。FX_{3U} 系列 PLC 的高速脉冲输出口可以输出高达 100kHz 的高速脉冲，且定位指令丰富，功能强大，可实现 7 种定位控制模式，不需要专用的定位模块就可以完成定位控制功能。下面介绍常用的脉冲输出指令 PLSY、PLSR。

1. 脉冲输出指令 PLSY

　　PLSY 指令用于产生指定数量的脉冲，在指令中可以设置脉冲频率、脉冲总数和发出脉冲的输出点，指令格式如图 5-12 所示。

图 5-12　PLSY 指令说明图

　　[S1] 为输出脉冲频率或其存储的地址，16 位指令的允许设定范围为 1 ~ 32767Hz，32 位指令的允许设定范围为 1 ~ 100000Hz。对于 FX_{2N} 系列 PLC，输出频率为 2 ~ 20kHz；对于 FX_{3U} 系列 PLC，输出频率为 1 ~ 100kHz。

　　[S2] 为输出脉冲数或其存储的地址，16 位指令 PLSY 指令的允许设定范围为 1 ~ 32767，32 位指令 DPLSY 指令的允许设定范围为 1 ~ 2147483647。若此值的内容设定为 K0，则对所产生的脉冲数不做限制。

　　[D] 为指定脉冲输出端口 Y000 或 Y001。

　　使用该指令时，应注意以下几点：

　　1）当指令执行条件 X000 为 OFF 时，输出中断；X000 再次置 ON 时，PLSY 指令从最初的状态开始执行。

　　2）PLSY 指令发出的脉冲占空比为 50%ON、50%OFF。输出时不受扫描周期的影响，采用中断处理方式完成。

　　3）每个高速脉冲输出点都设有脉冲计数寄存器，可对输出脉冲的当前值进行监视。FX 系列 PLC 内部脉冲计数寄存器见表 5-4。需要注意的是，这个当前值寄存器的变化总是在累计 PLSY 或 PLSR 指令发出的脉冲数，和电动机的运行方向是正转还是反转无关。

表 5-4　FX 内部脉冲计数寄存器

功能	高位	低位	适用指令	适用机型
输出至 Y000 的脉冲总数	D8141	D8140	PLSY PLSR	FX_{2N} FX_{3U}
输出至 Y001 的脉冲总数	D8143	D8142		
输出至 Y000、Y001 脉冲总数	D8137	D8136		

4）设定脉冲发完后，结束标志 M8029 会输出一个有效的 ON 信号，而且三菱 PLC 每一个脉冲口都有相应的脉冲输出监控位，当有输出脉冲时，监控位闭合，发完后脉冲自动断开。FX_{2N} 系列 PLC 内部特殊辅助继电器见表 5-5，FX_{3U} 系列 PLC 内部特殊辅助继电器见表 5-6。

表 5-5　FX_{2N} 内部特殊辅助继电器

编号	功能
M8029	指令执行完成标志位
M8145	Y000 脉冲输出停止
M8146	Y001 脉冲输出停止
M8147	Y000 脉冲输出监控
M8148	Y001 脉冲输出监控

表 5-6　FX_{3U} 内部特殊辅助继电器

软元件			功能
Y000	Y001	Y002	
M8029			指令执行结束标志位
M8340	M8350	M8360	脉冲输出监控位
M8349	M8359	M8369	脉冲停止指令

5）在编程过程中，仅可以出现一次对同一个输出（Y000 或 Y001）的 PLSY 指令，否则会出现双线圈现象，造成程序的紊乱。

【例 5-1】有一台步进电动机，步距角为 1.8°，步进驱动器设置的细分数为 2，若需控制该电动机以 2 圈 /s 的速度运行 8 圈，试编写该控制程序。

由步距角 1.8° 可知，需要 200 个脉冲旋转一周，若细分数为 2，则需要 400 脉冲 / 周。那么，速度若为 2 圈 /s，则脉冲频率应设置为 800Hz，4s 运行 8 圈，则输出脉冲数为 3200PLS。参考程序如图 5-13 所示。

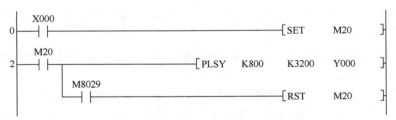

图 5-13　例 5-1 参考程序

2. 带加减速的脉冲输出指令 PLSR

PLSR 用于匀加减速的脉冲输出，在指令中可以设置脉冲的最高频率、脉冲总数、加减速时间和脉冲输出点，指令格式如图 5-14 所示。

[S1] 为输出脉冲最高频率或其存储的地址，16 位指令的允许设定范围为 10 ~ 32767Hz，32 位指令的允许设定范围为 10 ~ 200000Hz（基本单元最高频率为 100000Hz）。

[S2] 为输出脉冲数或其存储的地址，16 位指令 PLSR 的允许设定范围为 1 ~ 32767 PLS，32 位指令 DPLSR 的允许设定范围为 1 ~ 2147483647 PLS。

[S3] 为加减速时间（ms），允许设定范围为 50 ~ 5000（ms）。

[D] 为指定脉冲输出端口 Y000 或 Y001。

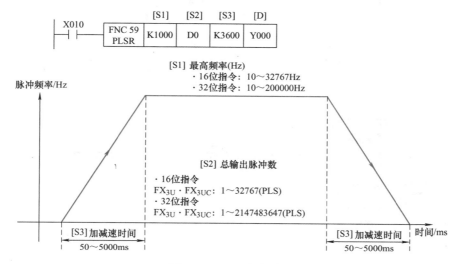

图 5-14　PLSR 指令说明

【例 5-2】有一步进电动机，其控制要求：PLC 发出脉冲信号 Y000 和方向信号 Y010，假设步进电动机转一周需要 PLC 发出 1000 个脉冲，且要求 1s 转动 1 周，现在要求步进电动机正转 5 周，停 5s，再反转 5 周，停 5s，如此循环。

参考程序如图 5-15 所示。

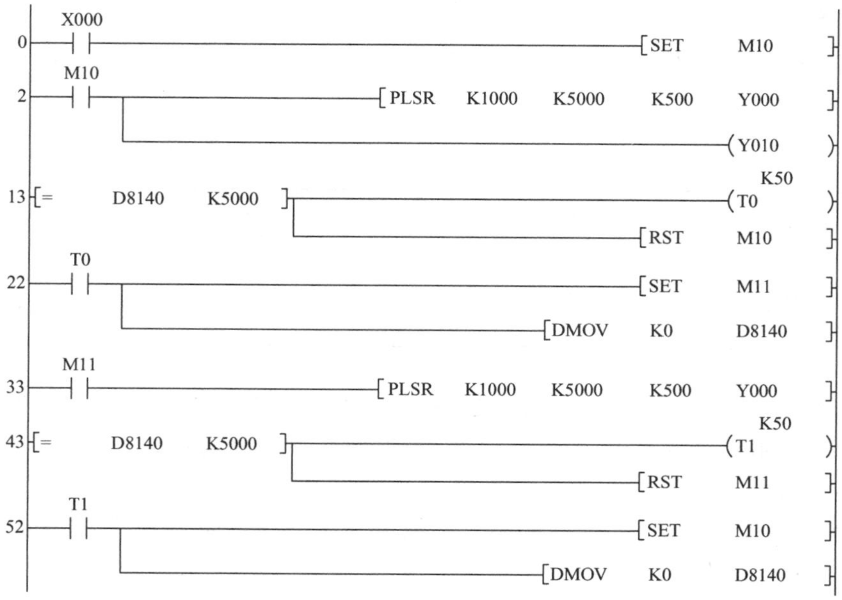

图 5-15　例 5-2 参考程序

5.3.2　步进电动机定位控制系统硬件设计

　　这里以定长切割实验台的步进电动机定位控制系统为例，介绍步进电动机定位控制系统的设计。图 5-16 所示为定长切割实验台示意图，本实验台采用的步进电动机为两相混合式步进电动机，步进电动机的步距角为 1.8°，需要 200（360°/1.8°）个脉冲转 1 圈，与步进电动机相连的丝杠的导程是 5mm。控制要求：按下起动按钮 SB1 后，步进电动机带动工作台从 A 点以 10mm/s 速度向右移动 300mm 到 B 点，停止 5s 后，工作台又以 5mm/s 速度向左移动返回 A 点，然后停止运动。

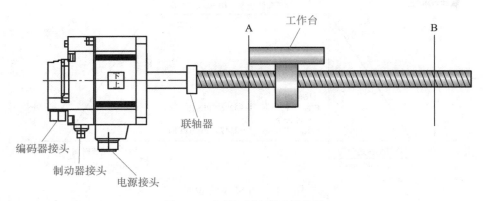

图 5-16　定长切割实验台示意图

　　由于步进电动机的位移量与输入脉冲个数成正比，而步进电动机的转速与脉冲频率成正比，所以需要对电动机的脉冲个数和脉冲频率进行精确控制。这里选用三菱公司的 FX_{3U} 晶体管输出型 PLC，内置 6 点 100kHz 高速计数器以及 3 轴独立 100kHz 的定位功能，型号为 FX_{3U}-16MT-ES-A。

　　实验平台采用的步进电动机为两相混合式步进电动机，其控制电压为 10 ～ 40V，型号为 57BYGH202，其技术参数见表 5-7。

表 5-7　57BYGH202 型两相混合式步进电动机技术参数

型号	相数	步距角/（°）	静态相电流/A	相电阻/Ω	相电感/mH	保持转矩/（N·m）	定位转矩/（N·m）	转动惯量/（g·cm²）	质量/kg
57BYGH202	2	1.8	3.0	0.8	1.2	0.9	0.04	260	0.6

　　步进驱动器采用常州双杰电子有限公司的 SJ-2H057MSA 型驱动器，该驱动器的输入控制信号采用共阳极接线方式，将输入信号的电源正极连接到 CP+、DIR+ 上，EN+ 端子不接，即不使用抱闸，将驱动器输入控制信号负端 CP−、DIR− 接 FX_{3U}-16MT 的输出端子 Y000 和 Y007 上，控制信号低电平有效，系统的控制原理图如图 5-17 所示。

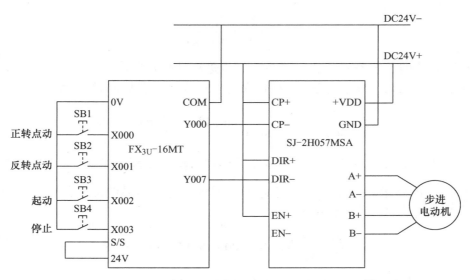

图 5-17　步进电动机控制系统原理图

5.3.3　步进电动机定位控制系统程序设计及调试

1. I/O 地址分配

根据控制要求选择控制元件及分配接线端子，步进电动机控制系统的 I/O 地址分配及功能说明见表 5-8。

表 5-8　步进电动机控制系统的 I/O 地址分配及功能说明

序号	PLC 的 I/O 端子	连接信号	功能说明
1	X000	SB1	正转点动按钮
2	X001	SB2	反转点动按钮
3	X002	SB3	起动按钮
4	X003	SB4	停止按钮
5	Y000	CP-	脉冲信号输出
6	Y007	DIR-	方向信号输出

2. 程序编制

（1）脉冲数与脉冲频率的计算　要计算脉冲数及脉冲频率，首先要计算脉冲当量。对于步进电动机通过丝杠带动工作台移动这种结构，假设步进电动机的步距角为 θ，步进驱动器的细分数为 m，丝杠的导程为 D，那么步进电动机转一圈所需的脉冲数 $P = \dfrac{360° \times m}{\theta}$，则脉冲当量 δ（单位为 mm/PLS）为

$$\delta = \frac{D}{P} = \frac{D \times \theta}{360° \times m} \tag{5-1}$$

由控制系统的已知条件可知，该系统的步进电动机步距角 θ 为 1.8°，细分数 $m=1$，丝杠的导程 $D=5\text{mm}$，将这些已知条件代入式（5-1），可得脉冲当量 δ 为

$$\delta = \frac{D \times \theta}{360° \times m} = \frac{5 \times 1.8}{360 \times 1} \text{mm/PLS} = \frac{1}{40} \text{mm/PLS}$$

由于脉冲当量表示的是每发一个脉冲工作台运动的距离，即 $\delta = \frac{S}{P}$，那么要计算脉冲数，可以将需要运动的距离除以脉冲当量即可。对于本系统，A 点到 B 点的距离为 300mm，那么所需要的脉冲数 P 为

$$P = \frac{D}{\delta} = \frac{300}{1/40} \text{PLS} = 300 \times 40 \text{PLS} = 12000 \text{PLS}$$

对于脉冲频率的计算，可通过运动速度的单位换算来计算，运动速度 v 的单位为 mm/s，而脉冲频率 f 的单位为 PLS/s，那么有

$$f = \frac{v}{\delta} = \frac{v}{\delta} \tag{5-2}$$

式中，f 的单位也可用 Hz 表示。

由控制系统的已知条件可知，由 A 向 B 运动时的速度为 10mm/s，则频率 $f_1 = 400\text{Hz}$；由 B 向 A 运动时的速度为 5mm/s，则频率 $f_2 = 200\text{Hz}$。

（2）程序设计　根据控制要求编写程序，这里将正/反转点动忽略，部分程序如图 5-18 所示。

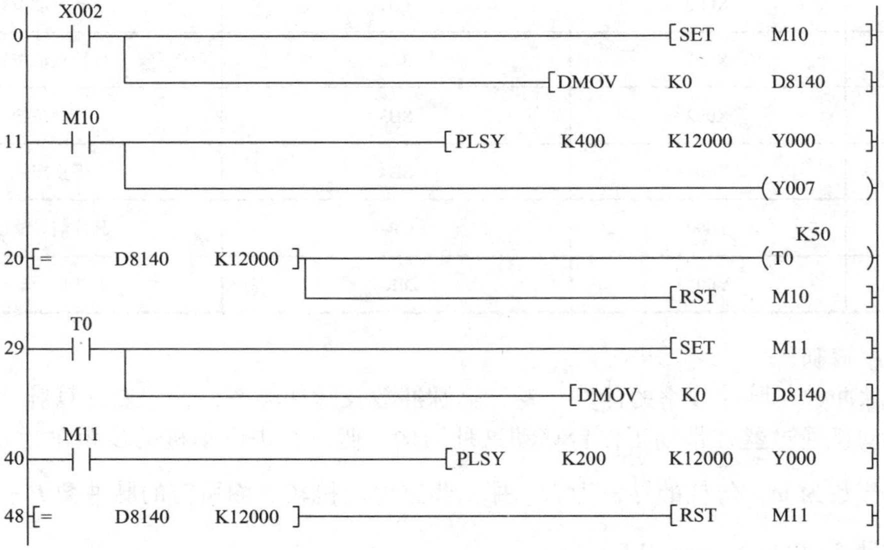

图 5-18　控制系统的部分 PLC 程序

3. 接线调试

1）接线前，务必确保电气柜电源总控制低压断路器已关闭，然后按照绘制的主电路图和 PLC 外部接线图接线，接线要符合电工工艺标准。

2）将步进电动机的 A、B 两相绕组与驱动器的输出 A+、A- 及 B+、B- 正确相连。

3）正确选择输出电流，参见表 5-3。例如，步进电动机的相电流为 3.0A。根据表 5-3 可知，只需要选 SW7 为 OFF，SW8 为 ON，SW9 为 ON，SW10 为 ON。

4）正确选择细分数，参见表 5-3。如果控制系统选择 1000 细分，根据表 5-3 可知，只需要选 SW1、SW2、SW5 为 ON，SW3、SW4 为 OFF 即可。

5）将程序下载到 PLC 中。

6）分别按下正转点动、反转点动、起动或停止按钮，观察电动机的运转情况，验证程序并调试。

习　题

5.1　步进电动机按工作原理可以分成哪几种？这几种电动机各有什么特点？

5.2　步进电动机由哪几部分组成？试简述各部分的作用。

5.3　三相反应式步进电动机的"三相单三拍"运行方式是如何通电的？

5.4　什么是步进电动机的矩频特性？由矩频特性可知，当频率由低到高时，步进电动机的力矩如何变化？

5.5　步进驱动器的作用是什么？它是如何实现步进电动机转速和转向的控制的？

5.6　什么是细分？步进电动机采用细分电路有什么作用？

5.7　有一台四相反应式步进电动机，其步距角为 1.8°/0.9°，试问：

1）1.8°/0.9° 表示什么意思？

2）这台步进电动机的转子齿数是多少？

3）请写出"四相八拍"运行方式的通电顺序。

4）当这台步进电动机的绕组电流频率为 400Hz 时，电动机转速为多少？

5.8　步进电动机驱动器的常用接线方法有哪三种？三菱 FX 系列 PLC 与步进驱动器接线常采用哪种接法？

5.9　SJ-2H057MSA 型步进驱动器是如何实现自检的？

5.10　某一数控机床工作台由步进电动机通过滚珠丝杠驱动，滚珠丝杠的导程为 10mm，细分数为 1，试计算这台机床步进电动机的脉冲当量。当脉冲频率为 500Hz 时，工作台移动的速度是多少 mm/s（假设步距角为 3.6°/1.8°）？

5.11　步进电动机控制系统如图 5-17 所示，编写步进电动机点动控制 PLC 程序，其控制要求为：按下正转点动按钮 SB1，步进电动机以 2r/s 速度正转运行，松开正转点动按钮，步进电动机停止运行；按下反转点动按钮 SB2，步进电动机以 1r/s 速度反转运行，松开反转点动按钮，电动机停止运行。

5.12　步进电动机控制系统如图 5-17 所示，设置步进驱动器的细分数为 4，编写步进电动机定位控制 PLC 程序，其控制要求为：按下启动按钮 SB3，工作台沿着 X 轴以 0.5mm/s 右移 200mm，延时 10s 后再以 1mm/s 左移 200mm，回到起始位置，步进电动机停止运行。按下停止按钮 SB4，步进电动机立即停止。

5.13 步进电动机控制系统如图 5-17 所示，试结合 5.11、5.12 题设计一个步进电动机控制画面。控制要求如下：（1）系统可实现手动和自动两种控制方式；（2）手动方式按习题 5.11 要求设计；（3）自动方式按习题 5.12 要求设计，并能够通过触摸屏画面对工作台的运动速度进行设置。

第6章

伺服电动机控制系统

🖐 **主要知识点及学习要求**

1）了解伺服电动机的结构及工作原理。
2）了解伺服驱动器的结构及基本原理。
3）掌握三菱 MR-J3 系列伺服驱动器的接线及参数设置。
4）掌握常用三菱定位控制指令的用法。
5）掌握伺服电动机的速度控制、定位控制及转矩控制方法。

伺服电动机结
构及工作原理

6.1 伺服电动机的结构及工作原理

伺服电动机又称为执行电动机，其功能是将控制电信号转换为其轴上输出的转角或转速，带动被控制对象工作。其输出转速与输入电信号的线性关系好，也称为*控制性能好*。在有控制信号输入时，伺服电动机就转动，没有控制信号输入时，则停止；改变控制电压的大小和相位（或极性）就可以改变伺服电动机的转速和旋转方向。结构上，伺服电动机通常与编码器等反馈元件做成一体。伺服电动机与普通电动机相比，具有如下特点：调速范围宽广，转速随着控制电压改变，能在很宽的转速范围内连续调节；转子的转动惯量小，能实现快速起动、停止；控制功率小，过载能力强，可靠性高。

伺服电动机按其使用电源性质的不同，可分为直流伺服电动机和交流伺服电动机两大类。

6.1.1 直流伺服电动机

尽管直流伺服电动机种类繁多，但其工作原理、基本结构、内部电磁关系与普通直流电动机相同，常采用他励供电，即励磁绕组和电枢分别由两个独立的电源供电，其结构如图 6-1 所示。直流伺服电动机主要包含以下三部分。

（1）定子 直流伺服电动机内部的磁场由定子磁极产生，分为永磁式和电磁式两种。*永磁式直流伺服电动机*的定子磁极由永磁材料制成；电磁式直流伺服电动机的定子磁极由冲裁的硅钢片

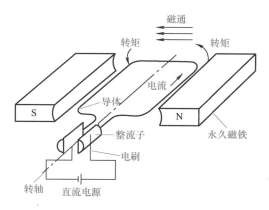

图 6-1 直流伺服电动机的基本结构

叠压、然后在外部绕上励磁线圈构成，在励磁线圈中通入直流电产生恒定磁场，励磁方式有他励、并励、串励和复励四种方式。

（2）转子　转子又称为电枢，由线圈及其骨架构成，通直流电时便在定子磁场作用下产生带动负载旋转的电磁转矩，转速和转矩随通电电流大小按比例变化。

（3）电刷与换向片　这是为使产生的转速和电磁转矩保持恒定方向，确保转子能沿着固定的方向均匀连续旋转而设计的，电刷与外加直流电源相接，换向片与电枢导体相接。

直流伺服电动机的工作原理与普通直流电动机的工作原理基本相同，依靠电枢电流与气隙磁通的作用产生电磁转矩，使直流伺服电动机转动。另外，电枢在磁场中转动时，线圈中会产生感应电动势 E。这个电动势的方向与电流或外加电压的方向总是相反，所以称为*反电动势*。直流电动机电刷间的反电动势可以表示为

$$E = K_E \Phi n \tag{6-1}$$

式中，E 为反电动势（V）；Φ 为一对磁极间的磁通量（Wb）；n 为电枢转速（r/min）；K_E 为电动机的电动势常数，与电动机结构有关。通常情况下，感应电动势与速度成正比。

直流伺服电动机的机械特性与他励直流电动机相同，也可用下式表示：

$$n = \frac{U_2}{K_E \Phi} - \frac{R_a}{K_E K_T \Phi^2} T \tag{6-2}$$

直流伺服电动机的机械特性曲线如图 6-2 所示。

由机械特性可知：

1）一定负载转矩下，当磁通量 Φ 不变时，$U_2 \uparrow \rightarrow n \uparrow$。

2）当 $U_2 = 0$ 时，电动机立即停转。

若想改变直流伺服电动机的旋转方向，只要改变电枢电压的极性，电动机就能反转。

直流伺服电动机的特性较交流伺服电动机硬，通常应用于功率稍大的系统中，如随动系统中的位置控制等。直流伺服电动机输出功率一般为 1 ～ 600W。近年

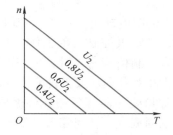

图 6-2　直流伺服电动机的机械特性曲线

来，为适应自动控制系统对伺服电动机的要求，出现了一批高性能、多类型的直流伺服电动机，主要有无槽电枢直流伺服电动机、杯形电枢绕组直流伺服电动机、印刷绕组直流伺服电动机等，这些电动机的共同特点是转动惯量小、动态特性好、机电时间常数小，因而具有优异的控制性能。

与交流伺服电动机相比，直流伺服电动机控制方便、工作特性的线性度好。直流伺服电动机的缺点是：有换向器和电刷之间滑动接触，接触电阻的变化使工作性能的稳定性受到影响；电刷下的火花使换向器需要经常维护，使其不能在易爆炸的地方使用，且产生无线电干扰。

6.1.2　交流伺服电动机

采用交流电励磁的电动机称为*交流电动机*。按其工作原理的不同，交流电动机主要分

为同步电动机和异步电动机两大类。传统意义上的交流伺服电动机是指两相交流异步电动机，由于使其产生旋转磁场的绕组只有两相交流电，易于控制，所以早期在小功率运动系统中得到应用，但因其存在难控制自转、控制精度低、控制功率小、控制特性软等缺点，在工业领域的应用受到限制。

交流同步伺服电动机通常装有永磁转子，故被称为交流永磁伺服电动机。目前，在交流伺服驱动系统中普遍应用的交流永磁伺服电动机有两大类：一类称为无刷直流电动机（因为这个电动机结构类似直流电动机，又没有电刷，所以有了无刷直流电动机的名字，其实它本质上属于交流电动机）；另一类称为永磁同步电动机（Permanent Magnet Synchronous Motor，PMSM）。

现代交流伺服技术是建立在新型交流永磁同步电动机基础上的，交流永磁同步电动机具有优良的调速性能，无机械式换向器和电刷带来的问题，且体积小、质量轻、效率高、转动惯量小、无励磁损耗。永磁同步电动机在结构上与直流无刷电动机类似，如图 6-3 所示，主要由定子、转子和测量转子位置的传感器组成。

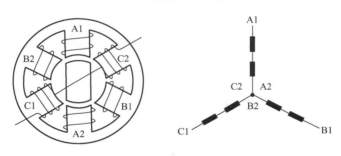

图 6-3　永磁同步电动机的基本结构

永磁同步电动机的工作原理是在电动机的定子绕组中通入三相电流，在电动机的定子绕组中形成旋转磁场，由于在转子上安装了永磁体，永磁体的磁极是固定的，根据磁极同性相斥、异性相吸的原理，在定子中产生的旋转磁场会带动转子旋转，最终转子的旋转速度与定子中产生的旋转磁极的转速相等，同时电动机自带的编码器发出反馈信号给驱动器，驱动器根据反馈值与目标值进行比较，调整转子转动的角度。由此可以看出，伺服电动机的精度取决于编码器的精度（线数）。

交流伺服电动机的性能如同直流伺服电动机，其的工作特性曲线即转矩 – 速度特性曲线如图 6-4 所示。

在图 6-4 中，在持续运转区，电动机可以长时间工作不会损坏；在短时间运转区，电动机可以短时间在此区域工作而不会损坏，若长时间在此区域工作，则会损坏电动机。在持续运转区中，速度和转矩的任何组合都可以连续工作。但

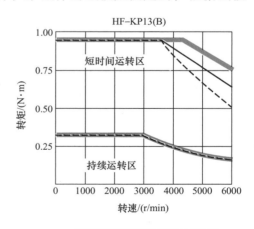

：对应三相AC200V或单相AC230V。
- - - ：对应单相AC100V。
———：对应单相AC200V。
此线仅在与其他两条线不同时画出。

图 6-4　HF-KP13 交流伺服电动机工作特性曲线

持续运转区有两个主要条件：一是供给电动机的电流是理想的正弦波；二是电动机需工作在某一特定温度下，如果温度变化，则特性曲线位置也会变化，这是由所用磁性材料的负温度系数造成的。短时间运转区会受到电动机供电电压的限制。

6.2 三菱 MR-J3 系列伺服驱动器

6.2.1 伺服驱动器的结构与基本原理

随着现代电动机技术、现代电力电子技术、交流调速技术及自动控制技术等的快速发展，交流伺服技术得到了迅速提升。由于交流伺服系统的性能逐渐提高，在高精度、高性能要求的伺服驱动领域，交流永磁伺服系统取代直流伺服系统成为现代伺服驱动系统的一个发展趋势。在交流伺服控制系统中，控制器所发出的脉冲信号并不能直接控制伺服电动机的运转，需要通过一个装置来控制伺服电动机，这个装置就是交流伺服驱动器。

交流伺服驱动器经历了模拟式、模拟数字混合式的发展后，已进入了全数字时代。数字式的伺服驱动器不仅克服了模拟式伺服驱动器的分散性大、零漂、低可靠性等缺点，还充分发挥了数字控制在控制精度、控制方式等方面的优势。数字式交流伺服驱动器一般都采用数字信号处理器（DSP）作为控制核心，可以实现复杂的控制算法，以及数字化、网络化和智能化。

交流伺服驱动器主要由主电路、控制电路两大部分组成，如图 6-5 所示。主电路主要由整流、逆变、平滑电容器三部分构成，与变频器主电路类似。交流伺服驱动器的控制电路比变频器复杂得多，变频器的控制电路一般采用开环 V/F 控制，而伺服驱动器的控制电路由三个闭环组成，其中内环是电流环，外环为速度环和位置环。

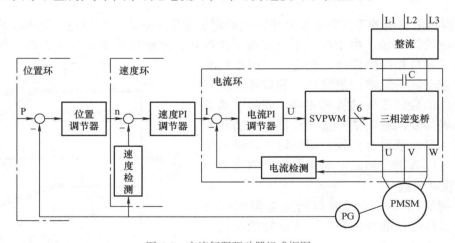

图 6-5 交流伺服驱动器组成框图

伺服驱动器一般都有三种控制模式：转矩控制模式、速度控制模式及位置控制模式。

1. 转矩控制

*转矩控制模式*是通过外部模拟量的输入或直接地址的赋值来设定电动机轴对外输出转矩的大小，主要应用于需要严格控制转矩的场合。如绕线装置，转矩的设定要根据缠绕半

径的变化随时更改，以确保材质的受力不会随着缠绕半径的变化而变化。转矩控制由电流环组成，电流环又称为*伺服环*，当输入给定转矩指令后，驱动器将输出恒定转矩。如果负载转矩发生变化，电流检测和编码器将电动机运行参数反馈到电流环输入端和矢量控制器 SVPWM，通过电流调节器和矢量控制器自动调整转矩的变化。伺服驱动器可以通过改变模拟量来改变设定的力矩大小，也可以通过通信接口改变对应地址中的数值来实现。

2. 速度控制

*速度控制*由速度环完成，可通过模拟量的输入或脉冲的频率进行速度的控制。当输入速度给定指令后，由编码器反馈电动机速度，送入速度环的输入端与速度指令进行比较，其偏差经过速度调节器处理后通过电流调节器和矢量控制器 SVPWM 调节逆变桥的输出，使电动机的速度趋近指令速度，并保持恒定。速度环虽然包含了电流环，但此时电流并没有起输出转矩恒定的作用，仅起到输入转矩限制的功能。速度控制模式有以下特点：

1）有软起动、软停止功能。可调整加减速运动中的加速度（速度变化率），避免加速、减速时的冲击。

2）速度控制范围宽。可进行从微速到高速的宽范围速度控制，速度比可达 1：1000～1：5000。在速度控制范围内为恒转矩特性。

3）速度变化率小。即使负载有变化，也可进行小速度波动的运行。

3. 位置控制

*位置控制*模式一般是通过外部输入脉冲的频率来确定转动速度的大小，通过脉冲的个数来确定转动的角度，也有些伺服驱动器可以通过通信接口直接对速度和位移进行赋值，由于位置控制模式可以对速度和位置都有很严格的控制，所以一般应用于定位装置。位置控制由位置环和速度环共同完成。在位置环输入位置指令脉冲，而编码器反馈当前位置信号到位置环输入端，此时偏差计数器进行偏差计数，计数结果经位置调节器控制输出后作为速度环的指令速度值，再经速度环控制使电动机的运行速度保持与输入位置指令的频率一致。当偏差计数器的偏差计数为 0 时，表示运动位置已到达。位置控制模式有以下特点：

1）机械的移动量与指令脉冲的总数成正比。

2）机械的速度与指令脉冲串的速度（脉冲频率）成正比。

3）最终在 ±1 个脉冲的范围内定位即完成，此后只要不改变位置指令，则始终保持在该位置（伺服锁定功能）。

6.2.2　三菱 MR–J3 系列伺服驱动器接口

MR-J3 系列是三菱电机公司推出的高性能伺服驱动器。相比上一代产品（MR-J2S 系列）在各个方面有显著提高，而且针对不同应用开发出了丰富的产品线和产品规格，可以满足客户的广泛需求，其外形如图 6-6 所示。

MR-J3 系列伺服驱动器具有前面所讲的三种主要的控制模式，即位置控制、速度控制和转矩控制。位置控制模式可通过输出最大 1MP/s 的高速脉冲串对电动机的转速和方向进行控制，执行分辨率为 262144P/r 的高精度定位。速度控制模式通过外部模拟速度指令（DC

图 6-6　三菱 MR-J3 系列伺服驱动器外形

$0 \sim \pm 10\text{V}$）或参数设置的内部速度指令（最大 7 速），对伺服电动机的速度和方向进行高精度的平稳控制。转矩控制模式通过外部模拟量转矩输入指令（DC $0 \sim \pm 8\text{V}$）或参数设置的内部转矩指令控制伺服电动机的输出转矩。

此外，MR-J3 系列伺服驱动器有 USB 和 RS-422 串行通信功能，可以使用配套的 MR configurator 软件对伺服驱动器进行参数设定、试运行、状态显示的监控和增益调整等。本系列产品的实时自调整功能可以根据机械自动调整伺服的增益。对应的伺服电动机采用 262144P/r 的绝对位置编码器，只需安装电池即可构成绝对位置检测系统。

三菱 MR-J3 系列交流伺服驱动器的铭牌和型号含义如图 6-7 所示，这里仅介绍 MR-J3-A 系列伺服驱动器。

图 6-7　MR-J3 系列交流伺服驱动器的铭牌和型号含义

三菱 MR-J3-A 交流伺服驱动器正面接头配置如图 6-8a 所示。其中，L1、L2、L3 为主电路三相电源输入端，若为单相电源输入，则接 L1、L2 两端；P1、P2 为改善功率因数电抗器接线端；P、C、D 为再生选件接线端；L11、L21 为控制电路电源输入端；U、V、W 为交流伺服电动机接线端。其他接头分别是：CN1 为输入 / 输出信号用接头，CN2 为编码器用接头，CN3 为 RS-422 用通信接头，CN4 为电池用接头，CN5 为 USB 通信用接头，CN6 为模拟监控接头。主电路接线图如图 6-8b 所示。

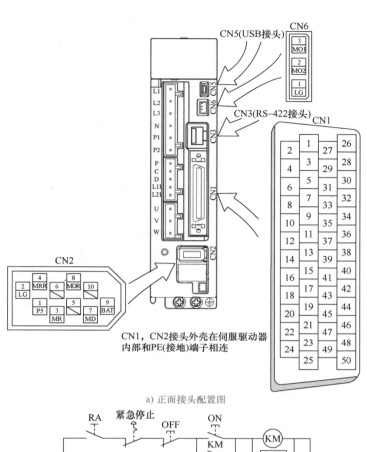

a) 正面接头配置图

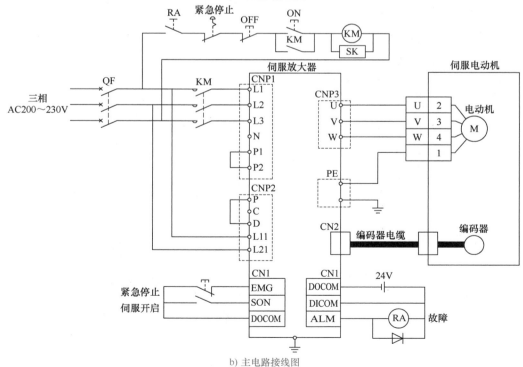

b) 主电路接线图

图 6-8 MR-J3-A 交流伺服驱动器正面接头配置及主电路接线图

　　三菱 MR-J3-A 系列伺服驱动器出厂默认的外部接口如图 6-9 所示。因为 MR-J3-A 系列交流伺服驱动器有位置控制、速度控制、转矩控制，所以要使其工作在某种具体的控制模式下时，需要对它的外部端子接线加以适当调整，三种模式下的具体接线图可参见三菱伺服驱动器的使用手册。这些外部接口端子的功能及符号随其内部参数 PA01（控制模式选择）设定值的不同而不同。在图 6-9 中，标有"P"一栏下的端子为位置控制模式下的端子符号；标有"S"一栏下的端子为速度控制模式下的端子符号，标有"T"一栏下的端子为转矩控制模式下的端子符号。三菱 MR-J3-A 系列伺服驱动器外部端子符号、名称及功能说明见表 6-1。

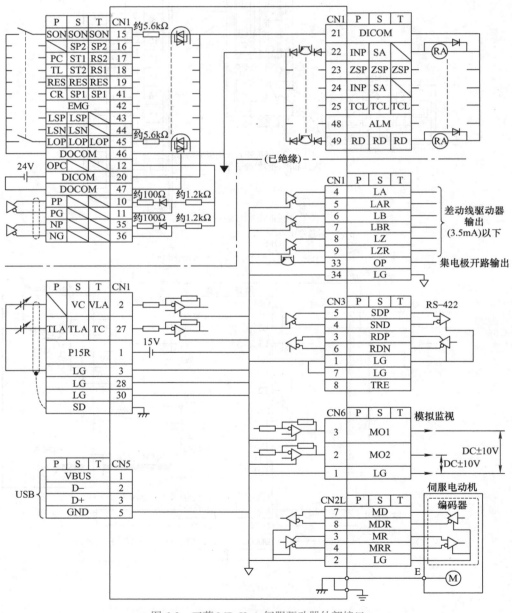

图 6-9　三菱 MR-J3-A 伺服驱动器外部接口

表 6-1　MR-J3-A 系列伺服驱动器外部端子符号、名称及功能说明

端子符号	信号名称	接线引脚号	功能说明				I/O 分类
SON	伺服开启	CN1-15	伺服驱动器开启信号输入				DI
RES	复位	CN1-19	伺服驱动器故障清除和复位输入				DI
LSP	正转行程末端	CN1-33	运行时，应使 LSP/LSN 为 ON，否则伺服电动机将立即停止，并处于伺服锁定状态 将参数 PD01 设定如下，可以变为内部自动 ON（恒短路） 参数 PD01 / 自动 ON □ 4 □□ / LSP □ 4 □□ / LSN				DI
LSN	反转行程末端	CN1-34					
TL	转矩限制选择	CN1-18	使 TL 为 OFF，正转转矩限制（参数 PA11），反转转矩限制（参数 PA12）变有效 使 TL 为 ON，模拟量转矩限制（TLA）变有效				DI
ST1	正转起动	CN1-17	ST2	ST1	伺服电动机方向		DI
			0	0	停止		
			0	1	CCW		
ST2	反转起动	CN1-18	1	0	CW		DI
			1	1	停止		
RS1	正转选择	CN1-18	RS2	RS1	输出转矩方向		DI
			0	0	不输出		
			0	1	正向输出转矩		
RS2	反转选择	CN1-17	1	0	反向输出转矩		DI
			1	1	不输出		
SP1	速度选择 1	CN1-41	伺服驱动器内部参数速度选择 1				DI
SP2	速度选择 2	CN1-16	伺服驱动器内部参数速度选择 2				DI
PC	比例控制	CN1-17	速度调节器 PI/P 切换控制输入				DI
EMG	紧急停止	CN1-42	伺服驱动器急停				DI
CR	清除	CN1-41	CR 为 ON，在上升沿可以清除偏差计数器内滞留脉冲				DI
LOP	控制切换	CN1-45	切换驱动器控制模式				DI
ABSM	ABS 传送模式	CN1-17	ABS 传送模式请求信号				DI
ABSR	ABS 请求	CN1-18	ABS 请求信号				DI
ALM	故障	CN1-48	故障报警输出信号				DO
RD	准备完毕	CN1-49	伺服开启处于可以运行状态时，RD 变为 ON				DO
INP	定位完毕	CN1-24	多功能输出，默认为定位完成信号				DO
SA	速度到达	CN1-24	多功能输出，默认为速度到达信号				DO
VLC	速度限制中	CN1-25	多功能输出，默认为速度达到时输出 ON				DO
TLC	转矩限制中	CN1-25	多功能输出，默认为转矩达到时输出 ON				DO

（续）

端子符号	信号名称	接线引脚号	功能说明	I/O 分类
ZSP	零速度	CN1-23	多功能输出，默认为速度为零速度（50r/min）以下时，ZSP 变为 ON。零速度可以由参数 PC17 设定	DO
ACD0	报警代码 1	CN1-24	使用这些信号时，请将 PD24 设定为"□□□ 1" 报警代码和报警名称详细见 MR-J3-A 用户手册	DO
ACD1	报警代码 2	CN1-23		DO
ACD2	报警代码 3	CN1-22		DO
ABSB0	ABS 发送数据 bit0	CN1-22	输出 ABS 发送数据 bit0	DO
ABSB1	ABS 发送数据 bit1	CN1-23	输出 ABS 发送数据 bit1	DO
ABST	ABS 发送数据准备完毕	CN1-25	输出 ABS 发送完毕	DO
TLA	模拟量转矩限制	CN1-27	外部模拟量输入转矩限制	AI
TC	模拟量转矩指令	CN1-27	转矩给定模拟量输入	AI
VC	模拟量速度指令	CN1-2	外部模拟量输入速度限制	AI
VLA	模拟量速度限制	CN1-2	速度给定模拟量输入	AI
PP	给定脉冲输入	CN1-10	集电极开路方式时（最大输入频率 200kP/s） PP-DOCOM 间正转脉冲串	DI
NP	给定脉冲输入	CN1-35	NP-DOCOM 间反转脉冲串	DI
PG	给定脉冲输入	CN1-11	差动驱动方式时（最大输入频率 1MP/s） PG-PP 间正转脉冲串	DI
NG	给定脉冲输入	CN1-36	NG-NP 间反转脉冲串 指令脉冲串的形式可以由参数 PA13 设定	DI
OP	编码器 Z 相脉冲（集电极开路）	CN1-33	输出编码器的零点信号。伺服电动机每转一周输出一个脉冲。每次到达零点位置时，OP 变为 ON。（负逻辑）	DO
LA	编码器 A 相脉冲	CN1-4	编码器 A 相脉冲	DO
LAR	编码器 A 相反馈	CN1-5	编码器 A 相位置反馈输出 PA	DO
LB	编码器 B 相脉冲	CN1-6	编码器 B 相脉冲	DO
LBR	编码器 B 相反馈	CN1-7	编码器 B 相位置反馈输出 PB	DO
LZ	编码器 Z 相脉冲	CN1-8	编码器 Z 相脉冲	DO
LZR	编码器 Z 相反馈	CN1-9	编码器 Z 相位置反馈输出 PC	DO
MO1	模拟监控 1	CN6-3	参数 PC14 中设定的数据以 MO1-LG 间的电压输出。（分辨率：10 位）	AO
MO2	模拟监控 2	CN6-2	参数 PC15 中设定的数据以 MO2-LG 间的电压输出。（分辨率：10 位）	AO
SDP	RS-422 数据发送	CN3-5	RS-422 数据发送端正极	串行通信
SDN	RS-422 数据发送	CN3-4	RS-422 数据发送端负极	串行通信
RDP	RS-422 数据接收	CN3-3	RS-422 数据接收端正极	串行通信
RDN	RS-422 数据接收	CN3-6	RS-422 数据接收端负极	串行通信
TRE	RS-422 终端	CN3-8	RS-422 接口的终端电阻器连接端子	

（续）

端子符号	信号名称	接线引脚号	功能说明	I/O 分类
DICOM	数字接口用电源输入	CN1–20 CN1–21		
OPC	集电极开路电源输入	CN1–12		
DOCOM	数字接口用公共端	CN1–46 CN1–47		
P15R	DC15V 电源输出	CN1–1		
LG	控制公共端	CN1–3 CN1–28 CN1–30 CN1–34 CN3–1 CN3–7 CN6–1		

6.2.3 三菱 MR–J3 系列伺服驱动器的参数设置

MR-J3-A 系列伺服驱动器的功能是通过端口连接及参数的设定来完成的。MR-J3-A 系列伺服驱动器的参数按功能可分为基本设定参数 PA、增益 / 滤波器参数 PB、扩展设定参数 PC 及 I/O 设定参数 PD 四类。以下按功能分别介绍常用的参数。

1. 基本设定参数 PA

三菱 MR-J3-A 系列交流伺服驱动器基本设定参数见表 6-2。表中，"控制模式"一列中"P"代表位置控制模式；"S"代表速度控制模式；"T"代表转矩控制模式；"符号"中带有"*"的参数为断电重启生效。

表 6-2 基本设定参数表

参数编号	符号	名称	初始值	单位	控制模式
PA01	*STY	控制模式	0000h	—	P/S/T
PA02	*REG	再生选件	0000h	—	P/S/T
PA03	*ABS	绝对位置检测系统	0000h	—	P
PA04	*AOP1	功能选择 A-1	0000h	—	P/S/T
PA05	*FBP	伺服电动机旋转一周所需的指令脉冲数	0	—	P
PA06	CMX	电子齿轮分子（指令输入脉冲倍率分子）	1	—	P
PA07	CDV	电子齿轮分母（指令输入脉冲倍率分母）	1	—	P
PA08	ATU	自动调谐模式	0001h	—	P/S
PA09	RSP	自动调谐响应性	12	—	P/S
PA10	INP	到位范围	100	pulse	P
PA11	TLP	正转转矩限制	100.0	%	P/S/T
PA12	TLN	反转转矩限制	100.0	%	P/S/T

（续）

参数编号	符号	名称	初始值	单位	控制模式
PA13	*PLSS	指令脉冲输入形式选择	0001h	—	P
PA14	*POL	转动方向选择	0	—	P
PA15	*ENR	编码器输出脉冲	4000	pulse/rev	P/S/T
PA16	—		0		
PA17	—	制造商设定用	0000h		
PA18	—		0000h		
PA19	*BLK	参数写入禁止	000Bh		P/S/T

重要参数说明如下：

1）PA01（符号 STY）：用于选择伺服驱动器的控制模式，该参数各位设定数值及含义如图 6-10 所示。初始值为位置控制模式，若需要使用速度或转矩控制模式，按图 6-10 更改。若使用两种模式切换时，即 PA01 = 1、3、5 时，需要通过 LOP 信号进行切换。LOP 为 OFF 时，为斜线（/）前的控制模式；LOP 信号为 ON 时，转换为斜线（/）后的控制模式。

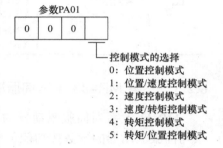

图 6-10　参数 PA01 设定值及含义

2）PA05（符号 FBP）：伺服电动机转动一周所需的指令输入脉冲数。参数 PA05 如果设定为"0"（初始值），电子齿轮（参数 PA06、PA07）设定有效，此时的指令脉冲数为控制器发出的指令脉冲乘以电子齿轮比后的脉冲。参数 PA05 如果设定值不等于"0"，那么电子齿轮比参数无效，此时，设定值就是使伺服电动机旋转一周所需要的指令输入脉冲数，该值的设定范围为 1000 ～ 50000。伺服驱动器内部电子齿轮原理图如图 6-11 所示。

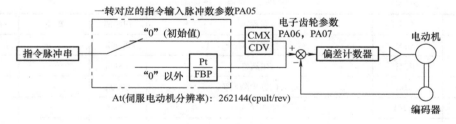

图 6-11　伺服驱动器内部电子齿轮原理图

3）PA06（符号 CMX）和 PA07（符号 CDV）是与电子齿轮有关的两个参数，它们分别为电子齿轮分子和电子齿轮分母。CMX 和 CDV 是伺服驱动器工作在位置模式下的两个非常重要的参数。关于电子齿轮的作用及应用设置方法见 3.4.2 节。

电子齿轮比的设定范围应控制在 0.1 < CMX/CDV < 2000。如果设定值在这个范围以外，那么将导致加减速时发出噪声，也可能不按照设定的速度或加减速时间常数运行。电子齿轮比的设定错误可能导致错误运行，必须在伺服驱动器断开的状态下进行。

【例 6-1】已知某伺服电动机带丝杠运行，滚珠丝杠的导程 $D = 8$ mm，要求脉冲当量

为 $\delta = 2\mu m/PLS$，试设置电子齿轮比。

解：方法一：

1）计算固有脉冲当量：

$$\delta_0 = \frac{D}{P_m} = \frac{8 \times 1000}{262144}\mu m/PLS = 0.03052\mu m/PLS$$

2）计算电子齿轮：

$$\frac{CMX}{CDV} = \frac{\delta}{\delta_0} = \frac{2 \times 262144}{8 \times 1000} = \frac{65536}{1000}$$

所以，设定 CMX = 65536，CDV = 1000。

方法二：

将 CMX 设为 MR-J3-A 系列伺服驱动器固定的编码器分辨率 262144，CDV 设为满足定位要求伺服电动机一圈的脉冲数，即 8mm/2μm = 4000，那么电子齿轮比为

$$CMX/CDV = 262144/4000 = 65536/1000$$

与方法一答案相同，但设置方法更简单。

4）PA13（符号 PLSS）：指令脉冲输入形式的选择。指令脉冲有 3 种输入形式，可以选择正逻辑，负逻辑。正逻辑代表上升沿或高电平有效；负逻辑代表下降沿或低电平有效。指令脉冲串的形式可用参数 PA13 加以设定，其设定值与脉冲串输入形式对应关系见表 6-3。

表 6-3 PA13 设定值与脉冲串输入形式对应关系

设定值	脉冲串形式		正转指令时	反转指令时
0010h	负逻辑	正转脉冲串 反转脉冲串	PP ⎍⎍⎍⎍ (NP)	(PP) NP ⎍⎍⎍⎍
0011h		脉冲串 + 符号	PP ⎍⎍⎍⎍⎍⎍⎍⎍ NP L / H	
0012h		A 相脉冲串 B 相脉冲串	PP / NP	PP / NP
0000h	正逻辑	正转脉冲串 反转脉冲串	PP ⎍⎍⎍⎍	NP ⎍⎍⎍⎍
0001h		脉冲串 + 符号	PP ⎍⎍⎍⎍⎍⎍⎍⎍ NP H / L	
0002h		A 相脉冲串 B 相脉冲串	PP / NP	PP / NP

5）PA19（符号 BLK）：参数写入禁止。

伺服驱动器在出厂状态下基本设定参数 PA、增益 / 滤波器参数 PB、扩展设定参数 PC 及输入输出参数 PD 的设定可以改变。为了防止参数 PA19 的设定被不小心改变，可以将其设定为禁止写入。对参数 PA19 的设定值进行设置可以读写操作不同范围的参数，具体见表 6-4。表中带有 "√" 标记的项目表示可读或可写的参数，带有 "—" 标记的项目表示不可读或不可写的参数。

表 6-4　PA19 设定值

PA19 设定值	可进行的操作	基本参数	增益 / 滤波器参数	扩展参数	输入输出参数
0000h	读出	√	—	—	—
	写入	√	—	—	—
000Bh	读出	√	√	√	—
	写入	√	√	√	—
000Ch	读出	√	√	√	√
	写入	√	√	√	√
100Bh	读出	√	—	—	—
	写入	仅参数 PA19	—	—	—
100Ch	读出	√	√	√	√
	写入	仅参数 PA19	—	—	—

2. 扩展设定参数 PC

三菱 MR-J3-A 系列交流伺服驱动器扩展设定参数见表 6-5，"控制模式"一列中 "P" 代表位置控制模式；"S" 代表速度控制模式；"T" 代表转矩控制模式。

表 6-5　扩展设定参数表

参数编号	符号	名称	初始值	单位	控制模式
PC01	STA	加速时间常数	0	ms	S/T
PC02	STB	减速时间常数	0	ms	S/T
PC03	STC	S 曲线加减速时间常数	0	ms	S/T
PC04	TQC	转矩指令时间常数	0000h	—	P/S/T
PC05	SC1	内部速度指令 1/ 内部速度限制 1	100	r/min	P/T
PC06	SC2	内部速度指令 2/ 内部速度限制 2	500	r/min	P/T
PC07	SC3	内部速度指令 3/ 内部速度限制 3	1000	r/min	P/T
PC08	SC4	内部速度指令 4/ 内部速度限制 4	200	r/min	P/T
PC09	SC5	内部速度指令 5/ 内部速度限制 5	300	r/min	P/T
PC10	SC6	内部速度指令 6/ 内部速度限制 6	500	r/min	P/T
PC11	SC7	内部速度指令 7/ 内部速度限制 7	800	r/min	P/T
PC12	VCM	模拟速度指令最大转动速度 / 模拟速度限制最大转动速度	0	r/min	P/T

（续）

参数编号	符号	名称	初始值	单位	控制模式
PC13	TLC	模拟转矩指令最大输出	100	%	T
PC14	MOD1	模拟监视 1 输出	0000h	—	P
PC15	MOD2	模拟监视 2 输出	0000h	—	P/S/T
PC16	MBR	电磁制动器顺序输出	100	ms	P/S/T
PC17	ZSP	零速度	50	r/min	P/S/T
PC18	*BPS	报警记录清除	0000h	—	P/S/T
PC19	*ENRS	编码器脉冲输出选择	0000h	—	P/S/T
PC20	*SNO	站号设定	0	—	P/S/T
PC21	SOP	通信功能选择	0000h	—	P/S/T
PC22	COP1	功能选择 C–1	0000h	—	P/S/T
PC23	COP2	功能选择 C–2	0000h	—	S/T
PC24	COP3	功能选择 C–3	0000h	—	P
PC26	COP5	功能选择 C–5	0000h	—	P/S
PC30	STA2	加速时间常数 2	0	ms	S/T
PC31	STB2	减速时间常数 2	0	ms	S/T
PC32	CMX2	指令输入脉冲倍率分子 2	1	—	P
PC33	CMX3	指令输入脉冲倍率分子 3	1	—	P/
PC34	CMX4	指令输入脉冲倍率分子 4	1	—	P/
PC35	TL2	内部转矩限制 2	100.0	%	P/S/T
PC36	*DMD	状态显示选择	0000h	—	P/S/T
PC37	VCO	模拟速度指令偏置 / 模拟速度限制偏置	0	mV	S/T
PC38	TPO	模拟转矩指令偏置 / 模拟转矩限制偏置	0	mV	S/T
PC39	MO1	模拟监视 1 偏置	0	mV	P/S/T
PC40	MO2	模拟监视 2 偏置	0	mV	P/S/T

1）PC01（符号 STA）和 PC02（符号 STB）：分别是伺服驱动器工作在速度或者转矩模式下的加速时间常数和减速时间常数。加速时间常数对应模拟速度指令和内部速度指令 1～7，设定从 0r/min 达到额定转动速度的加速时间。减速时间常数对应模拟速度指令和内部速度指令 1～7，设定从额定转动速度到 0r/min 的减速时间。

2）PC03（符号 STC）：S 曲线加减速时间常数，可以使伺服电动机平稳起动和停止，用于设定 S 形加、减速时间曲线部分的时间。例如，使用传送带输送一个重心较高的物件，恰当地设定该参数可以使传送带平稳地起动或停止，防止输送的物件向前或向后倾倒。参数 PC03 实现的 S 形加、减速功能以及与 STA、STB 的关系如图 6-12 所示。

应注意的是，如果把 STA 或者 STB 的值设得较大，则在设定 S 形加、减时间常数时，曲线部分的时间将会产生误差。

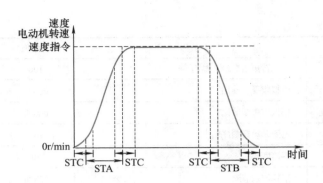

图 6-12 参数 PC03 实现 S 形加、减速功能以及与 STA、STB 的关系

3）PC05 ～ PC11（符号分别为 SC1 ～ SC7）：分别是内部速度指令 1 到内部速度指令 7，总共 7 段速。若伺服驱动器工作在位置模式下，这 7 个参数不需要修改；若伺服驱动器工作在速度或转矩模式下，则需要对其修改。多段速选择主要由伺服驱动器外部端子中 SP1、SP2 和 SP3 信号来控制。

4）PC14（符号 MOD1）和 PC15（MOD2）：分别是伺服驱动器模拟监视输出通道 1 和输出通道 2 的输出选择，该参数各位设定值及其含义如图 6-13 所示。

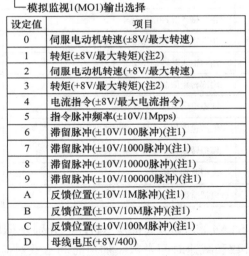

设定值	项目
0	伺服电动机转速(±8V/最大转速)
1	转矩(±8V/最大转矩)(注2)
2	伺服电动机转速(+8V/最大转速)
3	转矩(+8V/最大转矩)(注2)
4	电流指令(±8V/最大电流指令)
5	指令脉冲频率(±10V/1Mpps)
6	滞留脉冲(±10V/100脉冲)(注1)
7	滞留脉冲(±10V/1000脉冲)(注1)
8	滞留脉冲(±10V/10000脉冲)(注1)
9	滞留脉冲(±10V/100000脉冲)(注1)
A	反馈位置(±10V/1M脉冲)(注1)
B	反馈位置(±10V/10M脉冲)(注1)
C	反馈位置(±10V/100M脉冲)(注1)
D	母线电压(+8V/400)

注1. 编码器脉冲单位。
　　2. 8V输出最大转矩。但是，用参数PA11、PA12限制转矩时，8V输出最大限制转矩。

图 6-13 参数 PC14 和 PC15 设定值及其含义

5）PC19（符号 ENRS）：编码器脉冲输出选择。用于选择编码器输出脉冲方向，该参数各位设定值及其含义如图 6-14 所示。

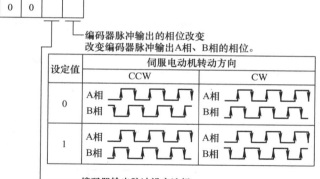

编码器脉冲输出的相位改变
改变编码器脉冲输出A相、B相的相位。

设定值	伺服电动机转动方向	
	CCW	CW
0	A相　B相	A相　B相
1	A相　B相	A相　B相

编码器输出脉冲设定选择
0：输出脉冲设定；
1：分周比设定；
2：设定与指令脉冲单位的比例。
设定为"2"时参数PA15(编码器输出脉冲)的设定值变为无效。

图 6-14　参数 PC19 设定值及其含义

6）PC21（符号 SOP）：通信功能选择。用于选择 I/F 和 RS-422 通信格式，该参数各位设定值及其含义如图 6-15 所示。

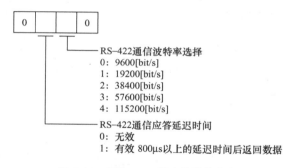

RS-422通信波特率选择
0：9600[bit/s]
1：19200[bit/s]
2：38400[bit/s]
3：57600[bit/s]
4：115200[bit/s]
RS-422通信应答延迟时间
0：无效
1：有效 800μs以上的延迟时间后返回数据

图 6-15　参数 PC21 设定值及其含义

3. 输入输出设定参数 PD

三菱 MR-J3-A 系列交流伺服驱动器输入输出设定参数见表 6-6，"控制模式"一列中"P"代表位置控制模式；"S"代表速度控制模式；"T"代表转矩控制模式。

表 6-6　输入输出设定参数表

参数编号	符号	名称	初始值	单位	控制模式
PD01	*DIA1	输入信号自动 ON 选择 1	0000h	—	P/S/T
PD03	*DI1	输入信号端子选择 1（CN1-15）	00020202h	—	P/S/T
PD04	*DI2	输入信号端子选择 2（CN1-16）	00212100h	—	P/S/T
PD05	*DI3	输入信号端子选择 3（CN1-17）	00070704h	—	P/S/T
PD06	*DI4	输入信号端子选择 4（CN1-18）	00080805h	—	P/S/T
PD07	*DI5	输入信号端子选择 5（CN1-19）	00030303h	—	P/S/T

（续）

参数编号	符号	名称	初始值	单位	控制模式
PD08	*DI6	输入信号端子选择 6（CN1-41）	00202006h	—	P/S/T
PD10	*DI8	输入信号端子选择 8（CN1-43）	00000A0Ah	—	P/S/T
PD11	*DI9	输入信号端子选择 9（CN1-44）	00000B0Bh	—	P/S/T
PD12	*DI10	输入信号端子选择 10（CN1-45）	00232323h	—	P/S/T
PD13	*DO1	输出信号端子选择 1（CN1-22）	0004h	—	P/S/T
PD14	*DO2	输出信号端子选择 2（CN1-23）	000Ch	—	P/S/T
PD15	*DO3	输出信号端子选择 3（CN1-24）	0004h	—	P/S/T
PD16	*DO4	输出信号端子选择 4（CN1-25）	0007h	—	P/S/T
PD18	*DO6	输出信号端子选择 6（CN1-49）	0002h	—	P/S/T
PD19	*DIF	输入滤波器设定	0002h	—	P/S/T
PD20	*DOP1	功能选择 D-1	0000h	—	P/S/T
PD22	*DOP2	功能选择 D-3	0000h	—	P/S/T
PD24	*DOP3	功能选择 D-5	0000h	—	P/S/T

1）PD01（符号 DIA1）：输入信号自动 ON 选择。用于选择输入端子被自动置 ON。该参数各位设定值及其含义如图 6-16 所示。

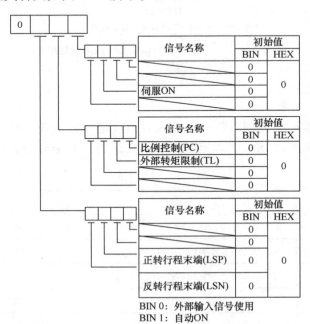

BIN 0：外部输入信号使用
BIN 1：自动 ON

图 6-16　参数 PD01 设定值及其含义

　　例如：希望伺服驱动器外部端子 SON 在不短接的情况下常通，则可在 PD01 参数中设置让 SON 自动置 ON，那么该参数设定值为"□□□ 4"。

　　2）PD03（符号 DI1）：输入信号端子选择（CN1-15）。可将 CN1-15 脚分配给任意的输入端子，同理，CN1-16、CN1-17、CN1-18、CN1-19、CN1-41、CN1-43、CN1-44 和 CN1-45 脚也可以分配给任意的输入端子。这类参数各位设定值及其含义如图 6-17 所示。

设定值	控制模式		
	P	S	T
00			
01	制造商设定用		
02	SON	SON	SON
03	RES	RES	RES
04	PC	PC	
05	TL	TL	
06	CR	CR	CR
07		ST1	RS2
08		ST2	RS1
09	TL1	TL1	
0A	LSP	LSP	
0B	LSN	LSN	
0C	制造商设定用		
0D	CDP	CDP	
0E～1F	制造商设定用		
20		SP1	SP1
21		SP2	SP2
22		SP3	SP3
23	LOP	LOP	LOP
24	CM1		
25	CM2		
26		STAB2	STAB2
27～3F	制造商设定用		

图 6-17　参数 PD03 设定值及其含义

　　3）PD13（符号 DO1）：输出信号端子选择（CN1-22）。可将 CN1-22 脚分配给任意的输出端子，同理，CN1-23、CN1-24、CN1-25 和 CN1-49 脚也可以分配给任意的输出端子。这类参数各位设定值及其含义如图 6-18 所示。

```
┌───┬───┬───┬───┐
│ 0 │ 0 │ 0 │   │
└───┴───┴───┴───┘
                └─── 选择CN1-22脚的输入信号
```

设定值	控制模式		
	P	S	T
00	一直常闭	一直常闭	一直常闭
01	制造商设定用		
02	RD	RD	RD
03	ALM	ALM	ALM
04	INP	SA	一直常闭
05	MBR	MBR	MBR
06	制造商设定用		
07	TLC	TLC	VLC
08	WNG	WNG	WNG
09	BWNG	一直常闭	一直常闭
0A	一直常闭	SA	SA
0B	一直常闭	一直常闭	VLC
0C	ZSP	ZSP	ZSP
0D	制造商设定用		
0E	制造商设定用		
0F	CHGS	一直常闭	一直常闭
10	制造商设定用		
11	ABSV	一直常闭	一直常闭
12~3F	制造商设定用		

图 6-18 参数 PD13 设定值及其含义

6.3 伺服系统的应用

伺服系统是用来精确地跟随或复现某个过程的反馈控制系统，又称为随动系统。在很多情况下，伺服系统专指被控制量（系统的输出量）是机械位移或位移速度、加速度的反馈控制系统，其作用是使输出的机械位移（或转角）准确地跟踪输入的位移（或转角）。伺服系统的结构组成和其他形式的反馈控制系统没有本质上的区别。

伺服系统最初应用于船舶的自动驾驶、火炮控制和指挥仪中，后来逐渐推广到很多领域，特别是数控机床、印刷设备、包装设备、纺织设备、激光加工设备、多轴机器人和自动化生产线等。

6.3.1 常用三菱定位控制指令

在 FX 系列 PLC 中，FX_{2N} 定位功能最差，只有脉冲输出指令而没有定位控制指令，且最高输出脉冲频率仅为 20kHz，所以 FX_{2N} 的定位控制必须与相应定位模块配合使用，常用于简单的步进电动机控制中。而 FX_{3U} 拥有丰富的定位指令，如可变速脉冲输出指令 PLSV、相对位置控制指令 DRVI、绝对位置控制指令 DRVA 和原点回归指令 ZRN 等，下面介绍几个常用的定位控制指令。

1. 可变速脉冲输出指令 PLSV

PLSV 指令为任意时间可变速指令。在指令中可以设置脉冲的实时频率、发出脉冲的输出地址和方向信号的输出地址，但是不能设置发出脉冲的总数，也就是不能通过指令精确定位，在实际中用来实现运动轴的速度调节，指令格式如图6-19所示。

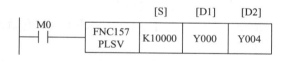

图6-19　PLSV指令格式

[S] 为输出脉冲频率或其存储的地址，16位指令的允许设定范围为 −32768 ～ +32767（0除外），32位指令的允许设定范围为 −100000 ～ +100000（0除外）。

[D1] 为脉冲输出端口，必须采用晶体管输出方式。

[D2] 为方向信号输出端口。若 [S] 为正，[D2] 输出 ON，电动机正转；若 [S] 为负，[D2] 输出 OFF，电动机反转。

使用该指令时应注意以下几点：

1）FX$_{3U}$ 的 PLSV 指令在开始、频率变化及停止时可以通过 M8338 设置加减速动作功能。若 M8338 为 OFF，则无加减速动作；若 M8338 为 ON，则有加减速动作，加减速动作时间可通过特殊数据寄存器 D8348/D8349 或 D8358/D8359 进行设置。

2）即使在脉冲输出状态下，也能够自由改变输出脉冲频率，但最好不要改变脉冲的方向，若要改变方向，可先将输出频率设为 K0，并延时一段时间，等待电动机停止后，再修改不同方向的频率值。

3）在脉冲输出过程中，若将 [S] 设置为 K0，脉冲输出将会停止。若需要再次输出，则必须在脉冲输出监视标志位处于 OFF，并经过 1 个扫描周期以上时间输出其他频率脉冲。

4）在脉冲输出过程中，如果指令驱动条件断开，则脉冲输出将会停止，但执行完成标志位 M8029 不为 ON。若正/反转极限标志位动作，则输出脉冲会停止，此时，指令执行异常标志位 M8329 为 ON，结束指令运行。

5）正/反方向的指定是根据输出脉冲频率 [S] 的正负符号决定的。指令执行结束后，旋转方向信号输出为 OFF。

6）PLSV、PLSY、PLSR 指令不能对同一脉冲输出口编程。

2. 相对位置控制指令 DRVI

DRVI 指令是以相对驱动方式执行单速定位的指令。它用带正/负符号的脉冲量指定从当前位置开始的相对移动距离，也称为增量（相对）式驱动指令，指令格式如图6-20所示。

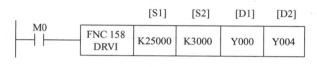

图6-20　DRVI指令格式

[S1] 为输出脉冲量（相对位移）或其存储的地址。16位指令的允许设定范围为 −32768 ～ +32767（0除外）；32位指令的允许设定范围为 −999999 ～ +999999（0除外）。

[S2] 为脉冲输出频率（速度）。16 位指令的允许设定范围为 10 ～ +32767Hz；32 位指令的允许设定范围为 10 ～ 200000Hz（基本单元最高频率为 100000Hz）。

[D1] 为脉冲输出端口，必须采用晶体管输出方式。

[D2] 为方向信号输出端口。若 [S1] 为正，[D2] 输出 ON，电动机正转；若 [S1] 为负，[D2] 输出 OFF，电动机反转。

图 6-20 中的 DRVI 指令是指伺服电动机以 3000Hz 对应的速度相对当前位置正转移动 25000 个脉冲当量对应的距离，其脉冲输出口为 Y000，方向输出口为 Y004。

使用该指令时应注意以下几点：

1）在指令执行过程中，即使改变操作数的内容，也无法在当前运行中表现出来，只有在下一次指令执行时才有效。

2）若在指令执行过程中指令驱动条件断开，则减速停止，此时指令执行完成标志位 M8029 不动作。此时，若脉冲输出监视标志位 M8340（Y000）为 ON，将不接受指令的再次驱动。

3）指令驱动后，若在没有完成相对目标位置时就停止驱动，将减速停止，但再次驱动时，指令不会延续上次的运行，而是默认停止位置是当前位置，执行指令。因此，在那些需要临时停止后延续剩下行程的控制中不能使用 DRVI 指令。

4）执行 DRVI 指令时，如果检测到正 / 反转限位开关，则减速停止，并使异常结束标志位为 ON，结束指令运行。

5）指令在执行过程中，输出的脉冲数以增量方式存入当前值寄存器。正转时当前值寄存器值增加，反转时则减少。

DRVI 指令的初始化操作值见表 6-7，以 Y000 口为例，其他端口的初始化操作值请见附录 B 中表 B-2。

表 6-7　DRVI 指令的初始化操作值

内容含义	FX₃ᵤ（Y000）	出厂值
最高速度 /Hz	D8344（高位）D8343（低位）	100000
基底速度 /Hz	D8342	0
加速时间 /ms	D8348	100
减速时间 /ms	D8349	100
正转极限标志位	M8343	OFF
反转极限标志位	M8344	OFF
脉冲输出停止标志位	M8349	OFF

3. 绝对位置控制指令 DRVA

DRVA 指令是以绝对驱动方式执行单速定位的指令。该指令是按指定的端口、频率和运行方向输出脉冲，令伺服执行机构运动到指定目的点。指令格式如图 6-21 所示。

图 6-21　DRVA 指令格式

[S1] 为以原点为参考点的目标位置的输出脉冲量（绝对地址值）或其存储的地址。16 位指令的允许设定范围为 –32768 ～ +32767（0 除外）；32 位指令的允许设定范围为 –999999 ～ +999999（0 除外）。

[S2] 为脉冲输出频率（速度）。16 位指令的允许设定范围为 10 ～ +32767Hz；32 位指令的允许设定范围为 10 ～ 200000Hz（基本单元最高频率为 100000Hz）；

[D1] 为脉冲输出端口，必须采用晶体管输出方式。

[D2] 为方向信号输出端口。若 [S1] > 当前位置值，[D2] 为 ON，电动机正转；若 [S1] < 当前位置值，[D2] 为 OFF，电动机反转。

使用该指令时应注意以下几点：

1）在指令执行过程中，即使改变操作数的内容，也无法在当前运行中表现出来，只有在下一次指令执行时才有效。

2）若在指令执行过程中指令驱动条件断开，则将减速停止。此时指令执行完成标志 M8029 不动作。此时，若脉冲输出监视标志位 M8340（Y000）为 ON，将不接受指令的再次驱动。

3）与 DRVI 指令不同的是，DRVA 指令输出的是目标位置的绝对地址值。因此，若在没有完成目标位置时就停止驱动，只要不改变 [S1] 的值，指令会延续上次的运行，直到完成目标位置的定位任务。因此，在那些需要临时停止后延续剩下行程的控制中应用 DRVA 指令就可以完成定位控制任务。

4）执行 DRVA 指令时，如果检测到正 / 反转限位开关，则减速停止，并使异常结束标志位为 ON，结束指令运行。

DRVA 指令的初始化操作值与 DRVI 指令相同，见表 6-7。

4. 原点回归指令 ZRN

ZRN 指令用于执行原点回归，使机械位置与可编程控制器内的当前值寄存器一致的指令。在执行 DRVI 相对位置控制和 DRVA 绝对位置控制时，可编程控制器利用自身产生的正转脉冲或反转脉冲进行当前值的增减，并将其保存至当前值寄存器。可编程控制器可以"记住"这些机械的当前位置值并保持，但当可编程控制器断电时，存储的当前位置值就会消失。因此，在上电和初始运行时，必须执行原点回归，将机械动作原点位置的数据事先写入，指令格式如图 6-22 所示。

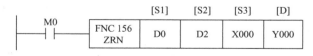

图 6-22　ZRN 指令格式

[S1] 为原点回归开始时的速度。16 位指令的允许设定范围为 10 ～ 32767Hz；32 位指令的允许设定范围为 10 ～ 200000Hz（基本单元最高频率为 100000Hz）。

[S2] 为爬行速度。指近点信号（DOG）变为 ON 后的低速部分的速度，设定范围为 10 ～ 32767Hz。

[S3] 为近点信号的输入端口。一般为 X000 ～ X007，最好是 X000、X001。如果指定输入继电器 X 以外的元件，由于会受到可编程控制器扫描周期的影响，原点位置的偏差会加大。

[D] 为脉冲输出端口，必须采用晶体管输出方式，仅限于指定 Y000 或 Y001。

ZRN 指令执行的是不带搜索功能的原点回归模式。只能从原点位置右侧向原点回归，如图 6-23 所示，也就是工作台后退（反转）方向回原点。在 ZRN 执行时，其当前值计数器的数值往减小方向动作。PLC 将高速脉冲发送给伺服驱动器，伺服驱动器驱动伺服电动机。此时，脉冲输出监控信号 M8340 置 ON，表示正在输出脉冲。伺服电动机反转，带动工作台向左移动，当移动到近点信号位置时，减速到爬行速度，继续向原点移动，当 DOG 信号由 ON 变为 OFF 时，停止脉冲输出，此时伺服电动机所停的位置就是原点位置。当原点回归完成后，PLC 会向伺服驱动器发出一个清零信号，将 PLC 当前值计数器的值清 0。

使用该指令时应注意以下几点：

1）爬行速度的取值应足够小。机械惯性越大，爬行速度应越小，但如果取值太小，使得运行到近点信号开关由 ON 变为 OFF 还未降到爬行速度，则会导致停止位置的偏移。

2）DOG 信号的通断时间不能太短，如果太短，也会导致不能从原点回归速度降至爬行速度，同样会导致停止位置的偏移。

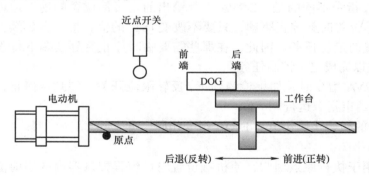

图 6-23 ZRN 原点回归示意图

3）若在指令执行过程中指令驱动条件断开，则将减速停止。此时，指令执行完成标志 M8029 不动作。此时，若脉冲输出监视标志位 M8340（Y000）为 ON，将不接受指令的再次驱动。

4）若在执行 ZRN 指令之前将 M8341（Y000）、M8351（Y001）、M8361（Y002）置 1，则可以使可编程控制器在原点回归后向伺服驱动器输出清零信号。清零信号的输出地址号由脉冲输出地址决定。脉冲输出为 Y000 时，清零信号输出为 Y004；脉冲输出为 Y001 时，清零信号输出为 Y005；脉冲输出为 Y002 时，清零信号输出为 Y006。

5）如果当前位置不在原点的右侧，可使用带搜索功能的原点回归指令 DSZR，它可以实现任意位置的原点回归，这条指令的用法这里就不介绍了，大家可以自行查阅三菱 FX$_{3U}$ 编程手册。

ZRN 指令的初始化操作值与 DRVI 指令相同，参见表 6-7。

6.3.2　伺服驱动器的试运行

MR-J3 系列伺服驱动器配有简易的操作显示面板，可以对驱动器进行各种状态的显示、报警代码显示、诊断显示、参数设置等相关操作，如图 6-24 所示。也可以通过计算机上安装的 MR-J3 系列伺服调试设置软件 MR Configurator 对驱动器进行各种调试操作。

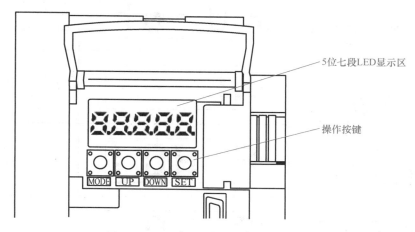

图 6-24　MR-J3 系列伺服驱动器操作面板

5 位七段 LED 数码显示区主要用来显示驱动器的状态、报警、参数和操作信息。数码显示区有 4 个小数点，不同小数点表示不同的含义。1 位小数点灯亮表示数据的小数点位置；高 4 位小数点灯全亮表示显示的数据为负数；第 4 位小数点灯闪烁表示报警；最后一位小数点灯闪烁表示试运行状态。

操作区有"MODE""UP""DOWN""SET" 4 个按键，可实现对驱动器的显示切换及操作。"MODE"是模式切换键，用于在不同模式间进行切换，见表 6-8。进入相应模式后，可通过"UP""DOWN"键进行状态值切换或参数值加减操作。当完成参数修改后，可通过"SET"键确认操作。

试运行操作是指伺服电动机在伺服驱动器并无实际输出指令的情况下，对电动机进行一次定位操作试运行，用于测试伺服电动机系统本身的运行情况。因此，在试运行时，不需要连接控制器，也不需要连接外部机械设备。试运行模式在绝对定位方式下不能使用，必须在 PA03 参数设置为"相对定位方式"后才可应用试运行功能。这里仅介绍点动试运行操作。

在运行点动试运行前，要将 EMG、LSP、LSN 信号设置为 ON。急停信号 EMG 必须通过外部接口进行短接实现，LSP/LSN 信号可通过参数 PC01 设置为常通状态。操作步骤如图 6-25 所示。进入点动试运行模式后，可通过"UP"和"DOWN"键进行伺服电动机的正反转点动。

表 6-8　MODE 键的模式切换显示

模式切换	显示状态	功能
状态显示	**C**	当前状态表示电源导通。可切换显示伺服电动机转速、指令脉冲频率等信息
诊断	**rd-oF**	当前状态表示初始化完成，可进入诊断模式。此模式可进行试运行、输出信号强制等操作
报警	**AL --**	无报警，若有报警产生，则显示相应的报警代码
基本设定参数	**P A01**	基本参数设定模式
增益·滤波器参数	**P b01**	增益 / 滤波器参数设定模式
扩展设定参数	**P C01**	扩展设定参数模式
输入输出设定参数	**P d01**	输入输出设定参数模式

（按键 MODE）

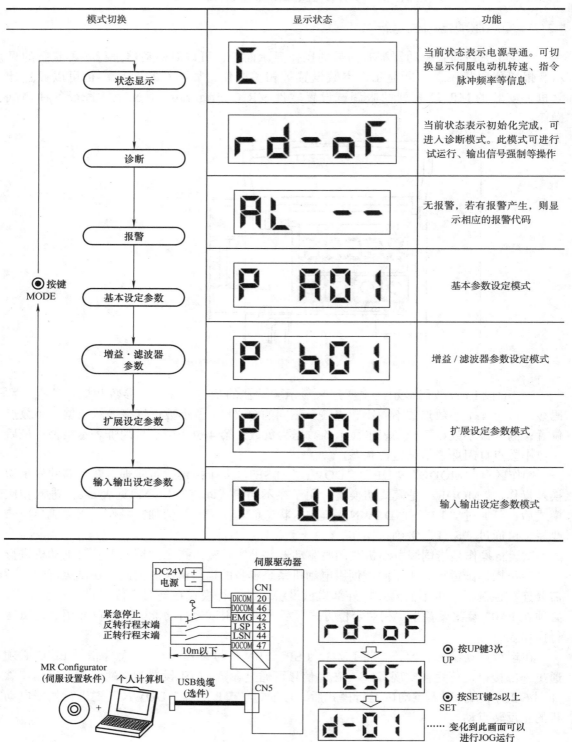

图 6-25　点动试运行操作步骤

如果要进行定位试运行操作，必须进入 MR configurator 软件进行试运行操作。

伺服驱动器的
速度控制

6.3.3　速度伺服系统的应用

MR-J3 系列伺服驱动器可以通过速度选择控制端 SP1、SP2 及 SP3 实现多段速控制或者通过模拟量速度设定输入端 VC 实现速度控制。若采用多段速控制，那么通过 SP1、SP2 及 SP3 状态的不同，可以选择相应的内部设定速度值，它们的关系见表 6-9。

表 6-9　多段速控制关系表

输入信号			速度指令
SP3	SP2	SP1	
0	0	0	VC（模拟速度）
0	0	1	PC05（内部速度 1）
0	1	0	PC06（内部速度 2）
0	1	1	PC07（内部速度 3）
1	0	0	PC08（内部速度 4）
1	0	1	PC09（内部速度 5）
1	1	0	PC10（内部速度 6）
1	1	1	PC11（内部速度 7）

若采用 VC 端模拟信号速度控制，则速度控制外部端子接线如图 6-26 所示。VC 端电压与转速的关系如图 6-27 所示。当外部模拟电压为 ±10V 时，输出伺服电动机的额定转速，这个额定转速值可以通过 PC12 参数进行修改。在使用外部模拟电压进行速度控制时，伺服电动机旋转的方向不仅和 ST1、ST2 这两个起动控制信号有关，还和模拟电压 VC 的极性有关，电动机旋转方向的确定见表 6-10。

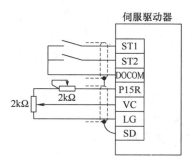

图 6-26　速度控制外部端子接线图

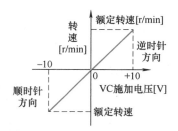

图 6-27　VC 端电压与转速的关系

表 6-10　速度控制模式下电动机旋转方向确定表

输入信号		旋转方向（逆时针为正转，顺时针为反转）			
ST2	ST1	VC（模拟电压）			内部速度
		+（正）	0V	−（负）	
0	0	停止（伺服锁定）	停止（伺服锁定）	停止（伺服锁定）	停止（伺服锁定）

（续）

输入信号		旋转方向（逆时针为正转，顺时针为反转）			
ST2	ST1	VC（模拟电压）			内部速度
		+（正）	0V	−（负）	
0	1	正转	停止（伺服不锁定）	反转	正转
1	0	反转	停止（伺服不锁定）	正转	反转
1	1	停止（伺服锁定）	停止（伺服锁定）	停止（伺服锁定）	停止（伺服锁定）

下面以伺服灌装系统的设计介绍 MR-J3 系列伺服驱动器的多段速控制。

有一伺服灌装系统如图 6-28 所示，广泛应用于食品、医药、日化等行业，灌装机产能水平的高低直接关系着产品的质量和生产的效率，该系统由 X 轴伺服电动机 M1 实现跟随系统控制。已知工作台丝杠的导程为 5mm。其控制要求如下：

伺服电动机 M1 初始位置在 SQ3 原点处，按下起动按钮后，先以 1000r/min 的速度向右运行到 SQ2，接着以 800r/min 的速度运行到右极限位 SQ1 处，然后停止 5s，再以 900r/min 的速度反向运行到左极限位 SQ3 处，然后停止，3s 后重复上述运行过程。在运行过程中，按下停止按钮，伺服电动机停止运行。

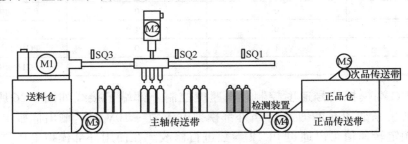

图 6-28　伺服灌装系统图

1. 伺服系统控制原理图设计

X 轴伺服电动机控制系统的控制电路如图 6-29 所示，由图可知 PLC 的 I/O 地址分配。其中，输入端子 X000 ~ X004 分别接起动按钮、停止按钮、右极限位、中间位和左极限位；输出端子 Y000 ~ Y003 分别接伺服驱动器的右移端子 ST1、左移端子 ST2、速度选择 SP1、速度选择 SP2。

在图 6-29 中，合上线路总开关 QS1 后，PLC 电源和伺服驱动器控制电源先通电。如果伺服驱动器处于正常工作状态，则其数字量输出端 ALM 输出 1 信号，继电器 KA1 的线圈通电。在交流接触器 KM1 线圈回路的 KA1 触点接通，KM1 线圈通电，其三对常开主触点会接通，将三相交流电源引入伺服驱动器的主电路中。当伺服驱动器发生故障时，数字量输出端 ALM 将输出 0 信号，继电器 KA1 的线圈断电，KA1 的常开触点断开使交流接触器 KM1 的线圈断电，KM1 的三对常开主触点断开，切断伺服驱动器的主电源。应注意的是，在设计主电路和控制电路时，必须先给伺服驱动器的控制电源送电，然后再给其主电源送电，或者对伺服驱动器的控制电源和其主电源同时送电，绝不能给伺服驱动器的主电源先送电而给其控制电源后送电。

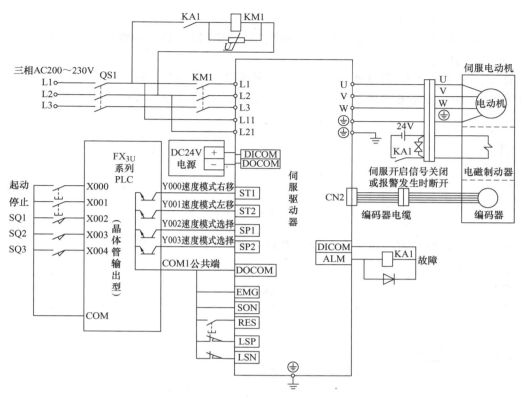

图 6-29　X 轴伺服电动机控制系统的控制电路图

这里，伺服驱动器急停信号 EMG 和伺服开启信号 SON 直接与数字量公共端 DOCOM 短接。复位信号 RES 接了一个常开触点的按钮，可实现对伺服驱动器的手动复位操作。LSP 和 LSN 这两个正反向限位信号都接了限位开关的常闭触点，用于工作台的末端行程保护。当伺服驱动器上电后工作状态正常时，ALM 信号可以通过 DICOM 提供的电源输出高电平，带动继电器线圈通电。

2. 伺服驱动器内部参数设置

在该工作台控制系统中，伺服驱动器工作在速度控制模式下，需要对其内部相关参数进行设置。此工作台控制系统伺服驱动器内部参数设置见表 6-11。

表 6-11　工作台控制系统伺服驱动器内部参数设置

参数	符号及名称	出厂值	设定值	说明
PA01	STY，控制模式选择	0000h	0002h	设置为速度控制模式
PC01	STA，加速时间常数	0	100	加速时间设置为 100ms
PC02	STB，减速时间常数	0	200	减速时间设置为 200ms
PC05	SC1，内部速度 1	100	1000	内部速度 1 设为 1000r/min
PC06	SC2，内部速度 2	500	800	内部速度 2 设为 800r/min
PC07	SC3，内部速度 3	1000	900	内部速度 2 设为 900r/min

3. PLC 控制程序设计

本案例是典型的 PLC 顺序控制，采用顺序功能图 SFC 进行编程，调用 S20 ～ S22 进行状态（步）控制。

首先，在 SFC 块编程里面新建第 1 块为梯形图程序块，以保证顺控程序上电后进入初始步 S0。这一段梯形图程序必须放在 SFC 程序的开头部分，程序如图 6-30 所示。

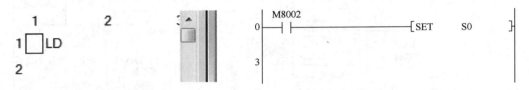

图 6-30　初始步梯形图块

然后在 SFC 块列表中新建 SFC 块，程序如图 6-31 所示。

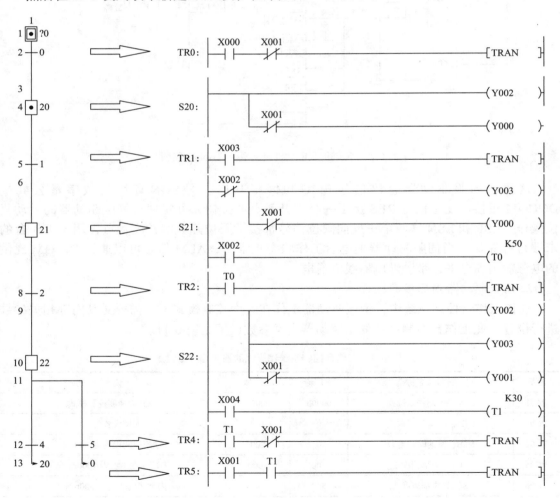

图 6-31　工作台控制系统的 PLC 参考程序

其中，状态继电器 S0 为初始步，起动后进入 S20 状态，伺服电动机以 1000r/min 的速度运行，到了 SQ2 位后，进入 S21 状态；在 S21 状态中，伺服电动机以 800r/min 的速度运行，到了右极限位 SQ1 后延时 5s 后进入 S22 状态；在 S22 状态中，伺服电动机以 900r/min 的速度向左运行，到了左极限位 SQ1 后延时 3s；依次循环，直到按下停止按钮终止。

6.3.4 位置伺服系统的应用

伺服驱动器的
位置控制

当 MR-J3 系列伺服驱动器用于位置控制时，需要接收脉冲信号实现定位。在脉冲输入时，可采用两种接入方法，对应的接线图如图 6-32 所示。图 6-32a 为集电极开路漏型输入方式，与 PLC 连接常采用这种方式；图 6-32b 为差动线驱动方式，常用于与定位控制模块的信号连接。

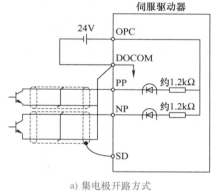
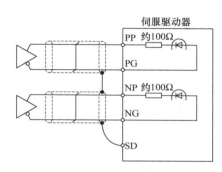

a) 集电极开路方式　　　　　　　　b) 差动线驱动方式

图 6-32　定位脉冲输入方式

这里以某工作台定位控制系统为例介绍 MR-J3 系列伺服驱动器的定位控制设计，系统组成示意图如图 6-33 所示。已知工作台丝杠的导程为 5mm，伺服电动机旋转一周需要 5000 个脉冲。控制要求如下：

1）按下起动按钮 SB1，伺服电动机带动丝杠机构以 10mm/s 的速度沿 X 轴方向右行，碰到右限位开关 SQ1 停止 2s；然后伺服电动机带动丝杠机构以 5mm/s 的速度沿 X 轴方向左行，碰到左极限开关 SQ2 停止 5s；接着又向右运动，如此反复运行。

2）按下停止按钮 SB2，伺服电动机运行一个周期后停止。

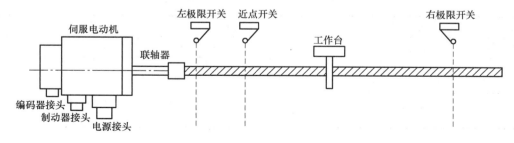

图 6-33　工作台组成示意图

1. 系统控制原理图设计

工作台控制系统的控制电路如图 6-34 所示，由图可知 PLC 的 I/O 地址分配。其中，输入端子 X000 ～ X003 分别接起动按钮、停止按钮、左极限开关和右极限开关；输出端子 Y000 输出的脉冲串送入伺服驱动器 PP 输入端，输出端子 Y002 接伺服驱动器的清零信号，输出端子 Y003 接伺服驱动器的方向信号，其他信号连接与图 6-29 相同，这里不一一解释了。

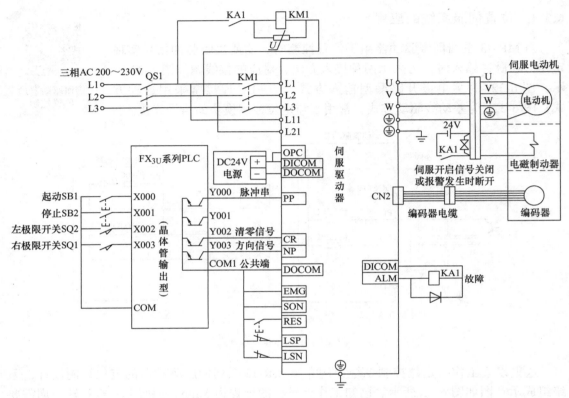

图 6-34　工作台控制系统的控制电路图

2. 伺服驱动器内部参数设置

在该工作台控制系统中，伺服驱动器工作在位置控制模式下，需要对其内部相关参数进行设置。此工作台控制系统伺服驱动器内部参数设置见表 6-12。

表 6-12　工作台控制系统伺服驱动器内部参数设置

参数	符号及名称	出厂值	设定值	说明
PA01	STY，控制模式选择	0000h	0000h	设置为位置控制模式
PA05	FBP，伺服电动机旋转一周所需的指令脉冲数	0	5000	伺服电动机参数设置为一周 5000 个脉冲
PA13	PLSS，指令脉冲输入形式选择	0001h	0011h	设置脉冲输入形式为（负逻辑）"脉冲数＋符号"方式

参数 PA13 为脉冲串输入信号的波形设定，PLC 作为上位机控制伺服驱动器，由其输出端 Y000 发出脉冲串，输出端 Y003 输出高、低电平控制伺服电动机的正反转方向。

3. PLC 控制程序设计

采用顺序功能图 SFC 进行编程，调用 S20～S23 进行状态（步）控制，其中，状态继电器 S0 为初始步，状态继电器 S20～S22 分别为工作台右移、暂停 2s、左移和暂停 5s 四个状态，也可以组合成两个状态，其位置控制采用 PLSY 指令，参考程序如图 6-35 所示。

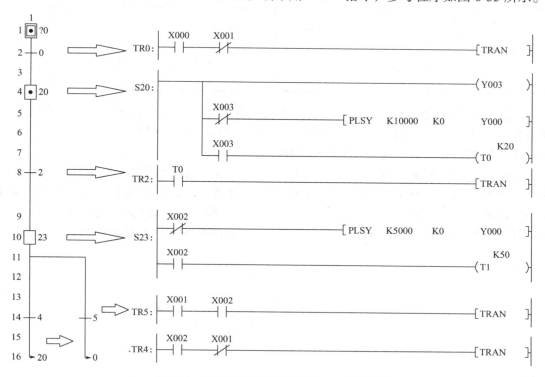

图 6-35　工作台位置控制系统的 SFC 参考程序

6.3.5　转矩伺服系统的应用

MR-J3 系列伺服驱动器在转矩控制模式下是通过外部模拟电压输入调节转矩的，如图 6-36 所示。TC 端模拟电压与转矩的关系如图 6-37 所示。当外部模拟电压为 ±8V 时，输出伺服电动机的最大转矩，这个最大转矩值可以通过 PC13 参数进行修改。与速度控制时的模拟电压调节情况类似，转矩控制时，输出转矩的方向取决于模拟电压的正负和外部正、反向选择信号 RS1、RS2。电动机旋转方向的确定见表 6-13。

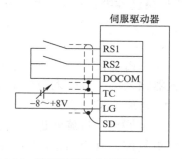

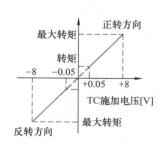

图 6-36　转矩控制模式接线图　　　图 6-37　TC 端模拟电压与转矩的关系图

表 6-13　转矩控制模式下电动机旋转方向确定表

输入信号		旋转方向		
		TC（模拟电压）		
RS2	RS1	+（正）	0V	-（负）
0	0	不输出转矩	不输出转矩	不输出转矩
0	1	正转	不输出转矩	反转
1	0	反转	不输出转矩	正转
1	1	不输出转矩	不输出转矩	不输出转矩

在转矩控制模式下，可能出现速度过大的情况，可通过参数 PC05 ~ PC11 设定的转速或模拟量速度限制（VLA）的施加电压设定的转速作为速度限制值。速度限制的设定方法与速度控制模式类似，这里就不详细介绍了。

下面以卷纸机控制系统为例介绍 MR-J3 系列伺服驱动器的转矩控制设计。卷纸机控制系统组成示意图如图 6-38 所示。卷纸时，压纸辊将纸压在托纸辊上，卷纸辊在伺服电动机的驱动下卷纸，托纸辊和压纸辊也随之旋转，当收卷的纸达到一定长度时裁刀动作，将纸切断，然后进行下一次卷纸过程，其卷纸长度由随托纸辊同轴旋转的编码器来测量。

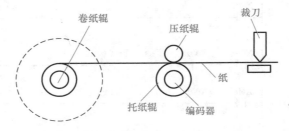

图 6-38　卷纸机控制系统组成示意图

现用三菱 PLC、伺服驱动器和伺服电动机来组成卷纸机控制系统，其控制要求如下：

1）按下起动按钮后，伺服电动机驱动卷纸辊开始卷纸，要求张力保持恒定，即开始时卷纸辊快速旋转，随着卷纸直径不断扩大，卷纸辊转速逐渐变慢。当卷纸达到 100m 时裁刀动作。

2）按下暂停按钮后，卷纸机停止工作，由编码器记录当前的纸长度；再次按下起动按钮后，卷纸机在暂停的长度上继续工作，直到 100m 为止。

3）按下停止按钮后，卷纸机停止工作，不记录已卷纸张长度；再次按下起动按钮后，卷纸机从 0 开始工作，直到 100m 为止。

1. 系统控制原理图设计

卷纸机控制系统的控制电路如图 6-39 所示，PLC 的输入点占用了 X000、X001、X002 和 X003 四个点。其中，X000 为高速计数器输入端，可引入与托纸辊同轴安装的编码器输出的高速脉冲信号；X001、X002 和 X003 分别是起动、暂停和停止按钮。当按下起动按钮 X001 时，PLC 控制伺服驱动器驱动卷取伺服电动机旋转进行收卷；当按下停止按钮 X003 时，伺服电动机停转，高速计数器将被复位，其当前值清零，当再次按下起动按钮 X001 时，卷取伺服电动机将从零开始按照预先设定的长度开始收卷纸张；当按下暂停按钮 X002 时，卷取伺服电动机停转，高速计数器不被复位，其当前值不会被清零，当再次按下起动按钮时，卷取电动机将在停转前已经计量的长度基础上继续卷取完剩余长度的纸张。

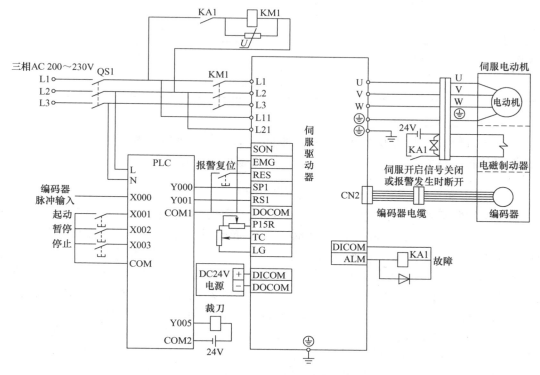

图 6-39　卷纸机控制系统的控制电路图

PLC 的输出点 Y000 接伺服驱动器的数字量输入端 SP1（速度选择 1），这样可以控制伺服电动机的转速，PLC 的输出点 Y001 接伺服驱动器的数字量输入端 RS1（正转选择），以便控制伺服电动机的转向。因为伺服电动机是单向旋转，所以数字量输入端 RS2（反转选择）不用接线。伺服驱动器的 RES 输入端为复位信号，在图中接了一个手动常开按钮。当伺服驱动器发生故障报警时，可通过按压此手动按钮对伺服驱动器进行故障复位操作，解除故障报警。

伺服驱动器的模拟量输入端子接了一组电位器。电位器的抽头接伺服驱动器的模拟量输入端 TC（模拟量转矩指令），可以进行伺服电动机输出转矩的调节。收卷不同类型的纸张要求的张力也会不同，可通过调节电位器控制伺服电动机的输出转矩。

PLC 的输出点 Y005 连接裁刀控制电磁阀（或中间继电器），当 Y005 输出高电平时，裁刀电磁阀通电，裁刀落下；当 Y005 输出低电平时，裁刀电磁阀断电，裁刀收起。

2. 伺服驱动器内部参数设置

在卷纸机控制系统中，伺服驱动器工作在转矩控制模式下，需要对其内部相关参数进行设定。此卷纸机控制系统伺服驱动器内部参数设置见表 6-14。

表 6-14　卷纸机控制系统伺服驱动器内部参数设置

参数	符号及名称	出厂值	设定值	说明
PA01	STY，控制模式选择	0000h	0004h	设置为转矩控制模式
PC01	STA，加速时间常数	0	300	加速时间设置为300ms
PC02	STB，减速时间常数	0	300	减速时间设置为300ms
PC05	SC1，内部速度1	100	1000	内部速度1，设为1000r/min

3. PLC 控制程序设计

假设托纸辊的周长为 0.05m，与托纸辊同轴的编码器旋转一周产生 1000 个脉冲，则传送纸张的长度达到 100m 时，编码器产生的总脉冲数 P 为

$$P = 100 \times (1000/0.05) = 2000000$$

卷纸机控制系统的 PLC 程序如图 6-40 所示，程序运行过程如下：

当系统通电后处于正常工作状态时，按下起动按钮 X001，梯形图中辅助继电器 M100 的线圈通电并自锁，其所有的常开触点将接通（M100 为运行标志位），此时输出继电器 Y000 和 Y001 的线圈通电，控制伺服驱动器的输入信号 SP1 和 RS1，使伺服电动机单向旋转。同时，M100 的常开触点接通，会启动高速计数器 C235，对进入输入端 X000 的编码器脉冲信号进行计数。当 C235 的计数当前值等于设定值时，说明收卷纸张长度达到预先设定长度，C235 的常开触点接通使 Y005 线圈通电并自锁（裁刀落下），同时定时器 T0 线圈通电并开始定时，定时时间设定为裁刀动作时间，达到定时设定值 1s 后，T0 常闭触点断开，将 Y005 线圈断电（裁刀收起），同时将 T0 线圈断电使其复位。而 C235 的常闭触点将会断开 M100 的线圈，Y000 和 Y001 线圈将随之断电，使伺服电动机停转，且与 X003 并联的 C235 的常开触点会使高速计数器复位，以便进行下一卷纸的卷取定长。

当系统运行过程中出现紧急情况时，按下停止按钮 X003，它的常闭触点断开，使 M100 的线圈断电，Y000 和 Y001 线圈断电，伺服电动机将停转，同时 X003 常开触点接通将使高速计数 C235 复位，C235 当前值清零，前面收卷的纸张计长将会无效。这样，前面收卷的纸张被作废，重新按下起动按钮 X001 后，将进行新一卷纸张的卷取。

如果需要暂时停止卷取工作时，可按下暂停按钮 X002，此时 M100 的线圈也将断电，Y000 和 Y001 线圈断电，伺服电动机停转，纸张卷取停止，此时高速计数据 C235 不被复位，其计数当前值将保持不变。前面计量的纸张长度将被认为是有效的，重新按下起动按钮 X001 后，将在原先长度计量的基础上继续进行卷取。

在调试运行时，如果伺服电动机运转方向与卷纸要求的运行方向相反，可以修改伺服驱动器的接线，将 PLC 的输出端 Y001 连接到伺服驱动器的 RS2 输入端即可。

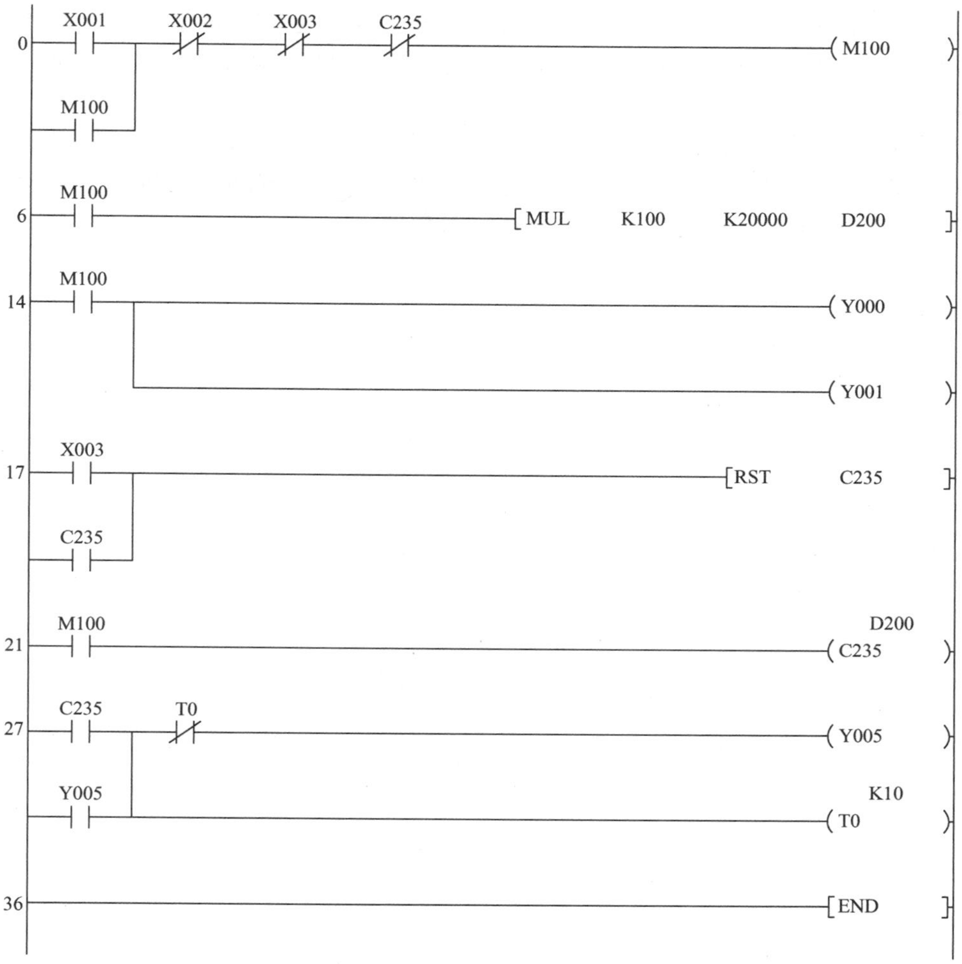

图 6-40　卷纸机控制系统的 PLC 参考程序

习　题

6.1　简述交流永磁同步伺服电动机的工作原理。它与直流伺服电动机相比有哪些优缺点？

6.2　伺服驱动器有哪三种控制模式？这三种控制模式是如何实现的？

6.3　三菱 MR-J3 系列伺服驱动器的主电路是如何接线的？试画出单相交流电源的 MR-J3 系列伺服驱动器接线图。

6.4　如果需要使用 PLC 对三菱 MR-J3 系列伺服驱动器驱动的伺服电动机进行正反转速度控制，如何进行控制线路接线，如何进行参数设置？

6.5　如何进行伺服驱动器的点动试运行？在点动试运行前要做哪些准备工作？

6.6　试编写三菱 MR-J3 系列伺服驱动器驱动伺服电动机实现速度控制的 PLC 程序，控制要求：按下起动按钮，先以 1000r/min 的速度运行 10s，接着以 800r/min 的速度运行

20s，再以 1500r/min 速度运行 25s，然后以 900r/min 的速度反向运行 30s，不断循环。若运行过程中按下停止按钮，则伺服电动机停止运行。若出现故障信号，系统停止运行，报警灯闪烁。

6.7 试编写三菱 MR-J3 系列伺服驱动器驱动伺服电动机实现定位控制的 PLC 程序，控制要求：按下起动按钮，伺服电动机从近点开关处以 10mm/s 的速度向右运行 8cm，然后停止 5s，再以 20mm/s 的速度向左运行 6cm 后停止。

第7章

综合应用

主要知识点及学习要求

1）了解平版印刷机、自动灌装机、自动剪板机、攻丝机的工作原理和电气系统。
2）能实现变频器模拟量调速的连接与编程调试。
3）能完成步进电动机、伺服电动机的常规电气安装调试。
4）能完成步进电动机、伺服电动机的 PLC 编程控制。

7.1 平版印刷机控制系统的安装与调试

7.1.1 平版印刷机的工作原理

平版印刷机按照色彩分类，可分为单色、双色、四色、多色，其工作原理如图 7-1 所示。利用油水不相混溶的原理，使印版表面的图文部分形成亲油性能，印刷时，通过润水和给墨工序，使图文部分亲墨拒水，空白部分亲水拒墨，将印版图文上附着的油墨先转移到转印辊筒的橡皮表面上，然后经过压印再转移到承印物表面上。

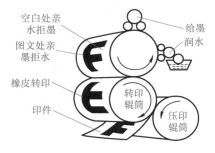

图 7-1　平版印刷机工作原理

单张纸平版印刷机是由电动机通过带传动、齿轮传动、链传动带动整机工作的，各辊筒、牙排、机构之间由机械的连接配合协调动作，其结构如图 7-2 所示，可见，控制了主传动的电动机就控制了全机的运行状态。现要求对主传动电动机进行变频控制，实现以下功能：在机械调节、检查、装卸 PS 版和橡皮布、清洁机器时，都需要以手动点动方式控制机器正反向运转，大约 4r/min 的速度比较合适。在印刷暂停期间，为了保证 PS 版不损坏、墨不干燥，要使机器以相同的速度长车运转。机器开始正式印刷生产时，有一个初始速度，约 3000r/h。当输纸机开始输纸后可以加速，使机器以较高的速度生产，一般是 6000 ～ 8000r/h；同时为了适应不同的生产速度要求，可通过触摸屏对速度进行调节，速度的实际值可以通过数值在触摸屏上显示出来。

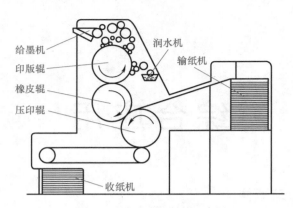

图 7-2　平版印刷机结构示意图

7.1.2　系统方案设计

　　根据系统功能要求，我们对系统进行了设计：按下起动按钮后，系统上电进入等待运行状态，电动机有两种运行状态：点动和正常工作。点动状态时，任意设置速度可正反转，进入正常状态后，系统进入低速（5Hz）正转运行，按下开始印刷按钮，系统进入初速运行状态，按下输纸按钮后，系统进入高速运行，正式印刷。当需要印刷暂停时，可调节速度，以低速连续运行。按下停止按钮后，系统停止运行。

1. 系统框图

　　系统框图如图 7-3 所示，采用三菱 FX_{3U}-32MT 作为控制器，对三菱 FR-E740 系列变频器采用模拟量电压控制调速，人机交互界面采用三菱 GT1155 触摸屏。

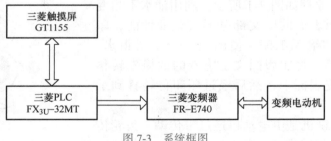

图 7-3　系统框图

2. 硬件选型

硬件配置选型见表 7-1。

表 7-1　硬件配置表

名称	功能	型号	数量
可编程控制器	控制器，通过程序完成控制任务	三菱 FX_{3U}-32MT	1
触摸屏	人机交互界面，进行信息交互	三菱 GT1155	1
变频器	驱动变频电动机	三菱 FR-E740	1
变频电动机	进给机构		1

7.1.3 电气设计及安装

1. I/O 地址分配

I/O 地址分配见表 7-2。

表 7-2 I/O 地址分配表

输入信号		输出信号	
起动按钮 SB1	X000	变频器正转信号	Y000
停止按钮 SB2	X001	变频器反转信号	Y001
变频器正转按钮 SB3	X002	系统上电指示灯	Y010
变频器反转按钮 SB4	X003	点动状态指示灯	Y011
开始印刷按钮 SB5	X004	连续工作状态指示灯	Y012
开始输纸按钮 SB6	X005	印刷暂停指示灯	Y013
印刷暂停按钮 SB7	X006		
点动 / 连续选择开关 SA	X007		

2. 电气原理图

在电气原理图中，变频器及 PLC 控制电路如图 7-4 所示。

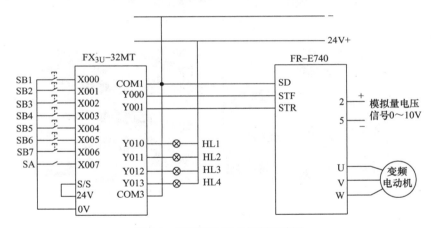

图 7-4　变频器及 PLC 控制电路图

3. 变频器参数设置

本系统变频器参数设置见表 7-3。

表 7-3　变频器参数设置表

参数编号	功能说明	设置数值	初始值
Pr.1	上限频率 /Hz	50	120
Pr.2	下限频率 /Hz	0	0
Pr.3	电动机额定频率 /Hz	50	50
Pr.7	加速时间 /s	2	5

(续)

参数编号	功能说明	设置数值	初始值
Pr.8	减速时间 /s	1	5
Pr.73	端子 2 输入 0 ~ 10V	0	1
Pr.79	外部运行模式选择	2	0

7.1.4 HMI 组态设计

HMI 组态设计如图 7-5 所示。平版印刷机控制系统分三个界面：主界面、点动操作界面、连续运行操作界面。

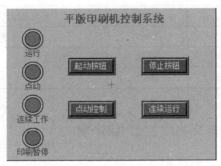

a) 主界面

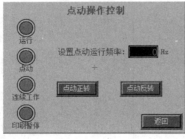

b) 点动操作界面

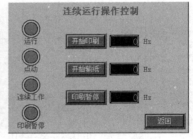

c) 连续运行操作界面

图 7-5 平版印刷机控制系统 HMI 组态设计

组态时，触摸屏与 PLC 连接的地址分配见表 7-4。

表 7-4 触摸屏与 PLC 连接的地址分配表

HMI 功能	PLC 关联元件	HMI 功能	PLC 关联元件
起动	M0	运行状态	Y010
停止	M1	点动状态	Y011
正转	M2	连续工作状态	Y012
反转	M3	印刷暂停状态	Y013
开始印刷	M4	手动频率	D100

（续）

HMI 功能	PLC 关联元件	HMI 功能	PLC 关联元件
开始输纸	M5	开始频率	D102
印刷暂停	M6	输纸频率	D104
点动、连续选择	M7	暂停频率	D106

7.1.5　PLC 程序设计

根据手动状态下的控制要求进行 PLC 控制程序的设计，按下起动按钮后，可手动选择电动机正反转，也可以任意设定运行频率。按下停止按钮，整个系统停止工作。

1）按下起动按钮后，系统进入运行状态，程序如图 7-6 所示。

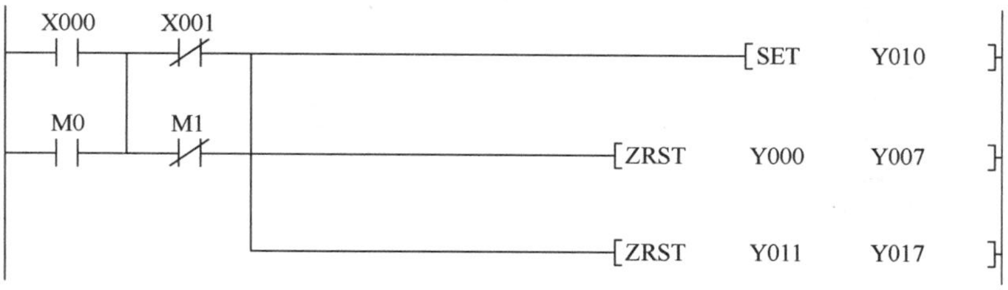

图 7-6　起动程序

2）点动状态下电动机可正反转，点动运行频率可通过触摸屏设定，程序如图 7-7 所示。

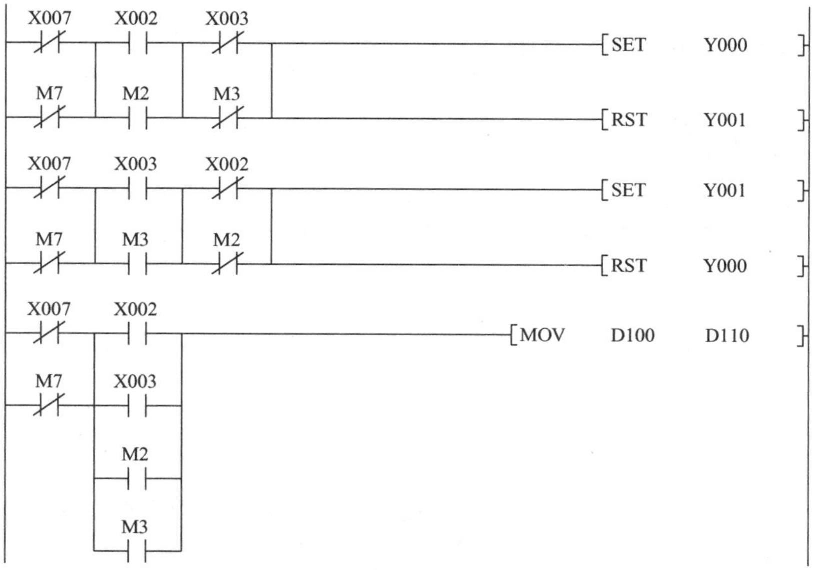

图 7-7　点动正反转程序

3）在触摸屏上设定连续运行各频率，选择连续运行，电动机延时 5s 开始正转，运行频率与暂停频率相同，程序如图 7-8 所示。

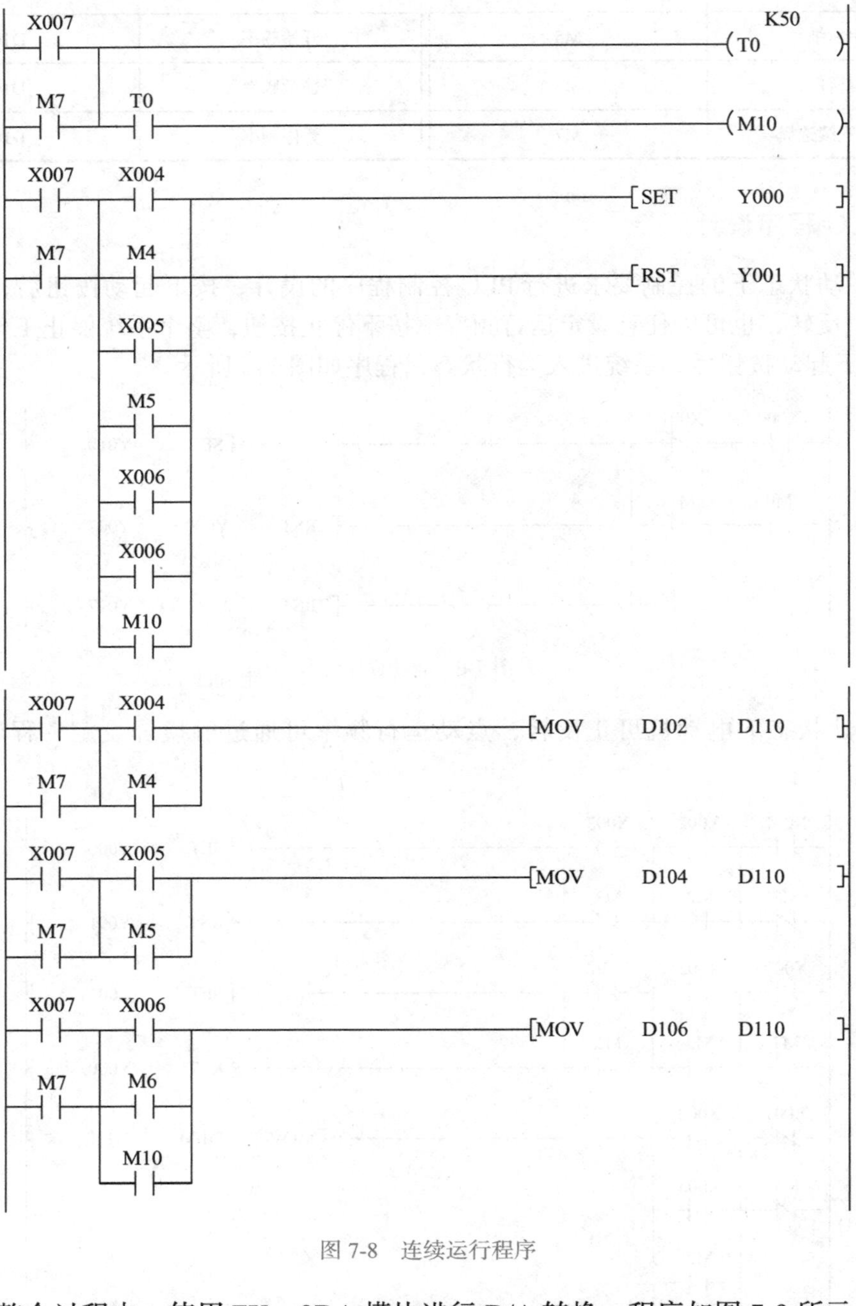

图 7-8　连续运行程序

4）在整个过程中，使用 FX_{2N}-2DA 模块进行 D/A 转换，程序如图 7-9 所示。

5）按下停止按钮，系统停止运行，程序如图 7-10 所示。

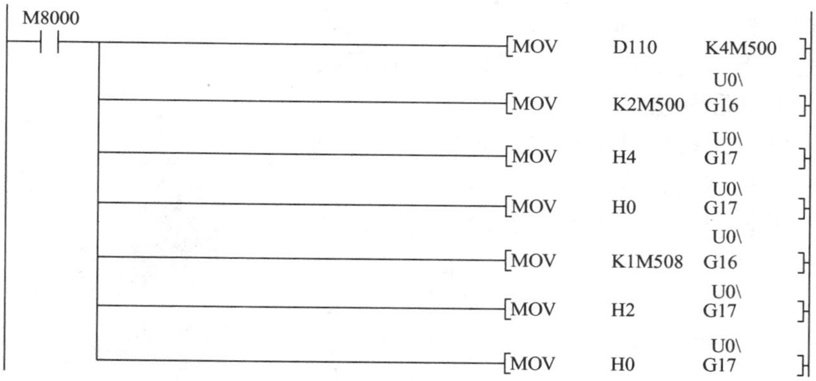

图 7-9 D/A 转换程序

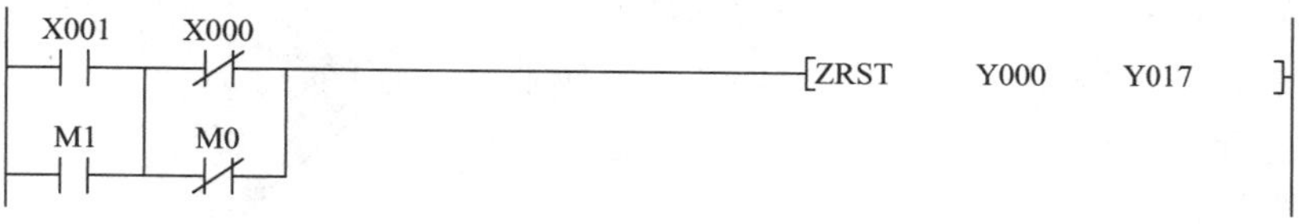

图 7-10 系统停止程序

7.1.6 整体调试及要求

在完成电气系统安装和软件设计后开始调试，分为通电前调试和通电后调试，通电调试应按照连接输入设备→连接输出设备→连接实际负载等步骤逐步进行。具体要求见表7-5。通电时，必须征求指导教师同意，在指导教师的监护下进行通电调试。

表 7-5 系统调试要求

通电前调试	1）自检，按照电路原理图或接线图逐段核对接线端子连接是否正确、线路间绝缘是否良好，有无漏接、错接，端子是否拧紧 2）重点检查各元器件电源，特别是检查 PLC、HMI、变频器、电动机主电路等电源接入端是否存在短路，检查 PLC 输入和输出电源回路
通电后调试	1）分别下载 PLC 程序、HMI 画面，硬件连接后同时运行 2）按下起动按钮，系统进入运行模式 3）选择点动控制，输入频率，可以点动正反转运行 4）选择连续运行，开始连续工作，观察运行状态及电动机运行频率 5）按下停止按钮，系统停止运行
故障情况	1）若出现故障，必须先切断电源，由学生独立排查故障 2）先排除硬件故障，然后根据功能需要修改 PLC 程序和触摸屏画面 3）若要再次通电，必须在指导教师监护下进行

7.2 自动灌装机控制系统的安装与调试

7.2.1 自动灌装机的工作原理

图 7-11 所示为自动灌装机外观图，其工作原理是通过传输带将灌装瓶送入自动灌装

机的限位机构，然后打开阀门，进行灌装，完成后关闭阀门，送入下一道工序进行上盖，这样就完成了一个灌装工作的循环过程。

自动灌装机的饮料瓶是如何进行定位的呢？一般来说，可分为机械限位和电气控制两种方法。本节设计一种小型饮料自动灌装机，饮料瓶的定位采用步进电动机和光电编码器进行位置控制的方法实现。系统运行控制要求：当按下起动按钮后，传输带起动运行，带动饮料瓶向前运动，当检测饮料瓶到达灌装口时，传输带停止运行，料仓口打开，饮料在重力的作用下自然流出，开始灌装作业，灌装完成后，料仓口关闭，传输带带动饮料瓶继续运行。运行过程中按下停止按钮，灌装机在本次灌装作业完成后停止运行。当遇到紧急状况时，按下急停按钮，系统立即停止运行。

7.2.2　系统方案设计

图 7-11　自动灌装机

采用三菱 FX$_{3U}$ 系列 PLC 作为控制器实现自动灌装机的整体工作，传输带的运行使用精确度比较高的步进电动机，料仓口的开关使用二位二通液体电磁阀控制，通过位置传感器检测饮料瓶是否到达灌装位置，通过时间原则判断是否灌满饮料，使用光电编码器测量传输带的运行速度。

1. 系统框图

系统框图如图 7-12 所示，采用三菱 PLC FX$_{3U}$-32MT 作为控制器，人机交互界面采用三菱 GT1155 触摸屏，如果要控制接触器，需要使用中间继电器进行中间转换。

2. 硬件选型

硬件配置选型见表 7-6。

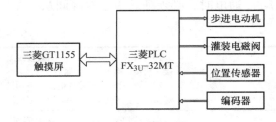

图 7-12　系统框图

表 7-6　硬件配置表

名称	功能	型号	数量
可编程控制器	控制器，通过程序完成控制任务	三菱 FX$_{3U}$-32MT	1
触摸屏	人机交互界面，进行信息交互	三菱 GT1155	1
步进控制器	控制步进电动机	步科 3M458	1
步进电动机	带动传输带运行	步科 3S571	1
光电编码器	检测电动机运行情况	HTB4808	1
电磁阀	控制料仓口的打开		1

7.2.3　电气设计及安装

1. I/O 地址分配

I/O 地址分配见表 7-7。

表 7-7　I/O 地址分配表

输入信号		输出信号	
编码器 A 相	X000	步进驱动器脉冲	Y000
编码器 B 相	X001	步进驱动器方向	Y001
编码器 Z 相	X002	灌装电磁阀	Y002
起动按钮 SB1	X003		
停止按钮 SB2	X004		
急停按钮 SB3	X005		
位置传感器信号	X006		

2. 电气原理图

系统使用了两个传感器，一个光电编码器连接到 PLC 的 X000、X001、X002，一个位置开关连接到 X006。步进电动机的脉冲和方向控制连接到 Y000 和 Y001，三个按钮分别连接到 X003、X004、X005。具体接线如图 7-13 所示。

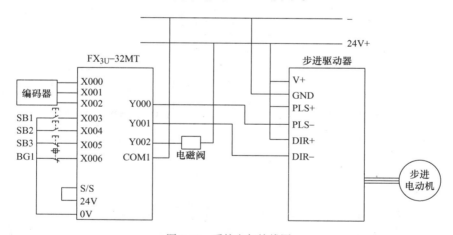

图 7-13　系统电气接线图

7.2.4　HMI 组态设计

触摸屏主要由起动按钮、停止按钮、当前速度显示、当前位置显示、当前灌装数、设定灌装数组成，HMI 组态设计参考界面如图 7-14 所示。

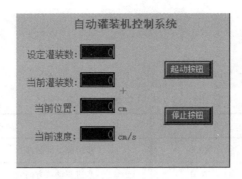

图 7-14 自动灌装机控制系统 HMI 组态设计

组态时，触摸屏与 PLC 连接的地址分配见表 7-8。

表 7-8 触摸屏与 PLC 连接的地址分配表

HMI 功能	PLC 关联元件	HMI 功能	PLC 关联元件
起动按钮	M1	当前位置	D100
停止按钮	M2	当前速度	D102
设定灌装数	C0	当前灌装数	D104

7.2.5 PLC 程序设计

本系统中，程序编写的重点是步进电动机的控制，包括步进电动机的起动、停止及位置、速度、方向的控制。需要控制步进电动机在指定位置停止并进行灌装。程序框图如图 7-15 所示。

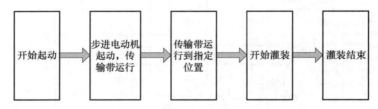

图 7-15 程序流程图

（1）脉冲当量测试程序 利用编码器的反馈测量传输带运行的位置及速度，需要知道编码器的脉冲当量，脉冲当量的测量方法可以通过现场测试，测试程序如图 7-16 所示。运行 PLC 程序，并置于监控方式。在传输带初始位置处放入工件，按下起动按钮起动运行，工件被传送到一段较长的距离后，按下停止按钮停止运行。观察监控界面上 C251 的读数，记录下来。然后在传输带上测量工件移动的距离，也记录下来。将这两个数值相除，即可得出编码器的脉冲当量。

（2）起动与停止程序 按下起动按钮 SB1 或触摸屏上的起动按钮，系统起动；按下停止按钮 SB2 或触摸屏上的停止按钮，系统在完成本次循环后停止工作。程序中 M100 为起动信号，M101 为停止信号，如图 7-17 所示。

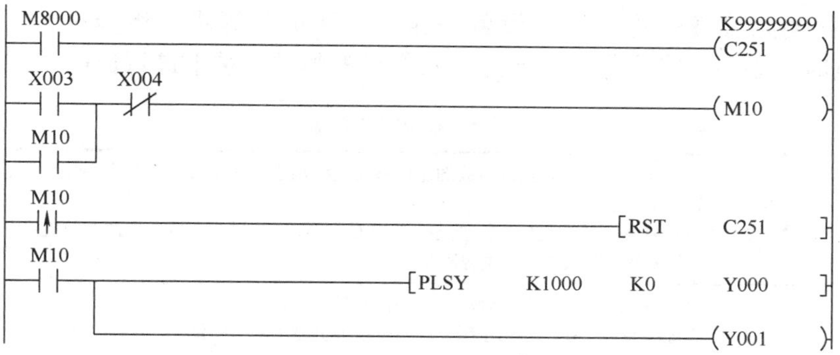

图 7-16 脉冲当量测试程序

图 7-17 起动与停止程序

（3）当前位置计算程序 当前位置计算程序如图 7-18 所示，其中，D10 中存放的是编码器的脉冲当量，C251 为当前编码器的脉冲数，D100 存放当前位置。

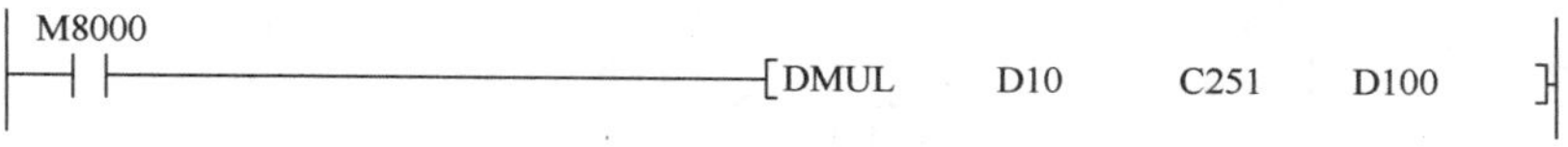

图 7-18 当前位置计算程序

（4）当前速度计算程序 当前速度计算程序如图 7-19 所示，利用 M8012 这个 100ms 脉冲发生器进行速度计算，结果存入 D102 中，可供触摸屏读取。

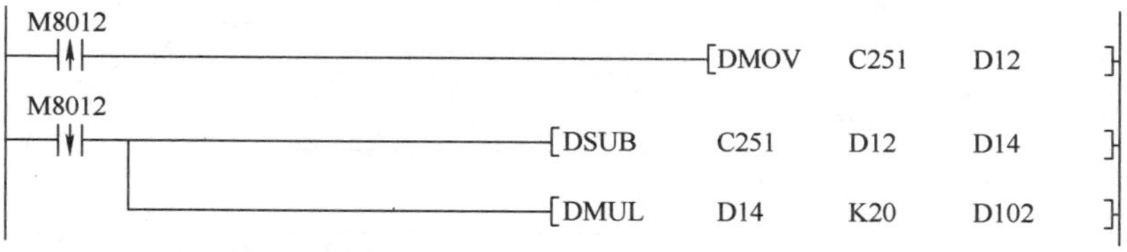

图 7-19 当前速度计算程序

在本系统中，饮料瓶的定位利用了传感器信号，该定位方法具有简单的特点，但是定位精度比较差，可以尝试利用编码器的返回脉冲数实现对饮料瓶的精确定位。

7.2.6 整体调试及要求

在完成电气系统安装和软件设计后开始调试，分为通电前调试和通电后调试，通电调试应按连接输入设备→连接输出设备→连接实际负载等步骤逐步进行。具体要求见表 7-9。通电时，必须征求指导教师同意，在指导教师的监护下进行通电调试。

表 7-9　系统调试要求

通电前调试	1）自检，按照电路原理图或接线图逐段核对接线端子连接是否正确、线路间绝缘是否良好，有无漏接、错接，端子是否拧紧 2）重点检查各元器件电源，特别是检查 PLC、HMI、步进驱动器、步进电动机等电源接入端是否存在短路，检查 PLC 输入和输出电源回路
通电后调试	1）分别下载 PLC 程序、HMI 画面，硬件连接后同时运行 2）设定灌装数后，按下起动按钮，观察触摸屏上显示的当前位置、速度、灌装数 3）按下停止按钮，系统停止运行
故障情况	1）若出现故障，必须先切断电源，由学生独立排查故障 2）先排除硬件故障，然后根据功能需要修改 PLC 程序和触摸屏画面 3）若要再次通电，必须在指导教师监护下进行

7.3　自动剪板机控制系统的安装与调试

7.3.1　自动剪板机的工作原理

图 7-20 所示为自动剪板机工作原理图，其工作原理是利用往复直线运动的上刀片和固定的下刀片，采用合理的刀片间隙，对各种厚度的金属板材施加切力，使板材按所需要的尺寸断裂分离。剪切板材尺寸要求严格，选用伺服电动机控制走板机构实现精确定位。该产品广泛用于为航空、建筑、汽车、电力等行业提供所需的专用机械和成套设备。

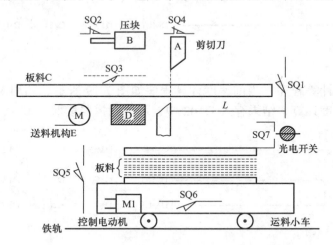

图 7-20　自动剪板机工作原理图

该系统可按照要求剪开大块板材，并由运料小车运到包装线或各用料点。未动作时，压块及剪切刀的限位开关 SQ2、SQ3 和 SQ4 均断开，行程开关 SQ1 和光电接近开关 SQ7 也都是断开的。剪切刀、压块及送料机构分别由交流电动机和伺服电动机 M 驱动，运料小车由直流控制电动机 M1 拖动。其工作过程如下：

1）读入限位开关 SQ6 的状态，判断小车是否空载，若空载，则可以开始工作。

2）起动运料小车，并使其到位，此时限位开关 SQ5 闭合。

3）伺服电动机 M 通电，起动送料机构 E 带动板料 C 向右移动。

4）当板料 C 碰到行程开关 SQ1 时，停止送料，同时起动压下机构压下压块 B，并使压块上限位开关 SQ2 复位闭合。

5）当压块到位，压紧板料时，压块下限位开关 SQ3 闭合。

6）剪切机构通电，起动剪切刀机构，控制剪板机剪切刀下落，此时 SQ4 复位闭合，直到把板料剪断。当板料下落通过光电接近开关 SQ7 时，输出一个脉冲，并使计数器加 1。

7）判断小车上的板料是否够数，如果不够，则重复步骤 3）～ 7）。一旦够数，运料小车的控制电动机正转，小车右行，把切好的板料送至包装线或各用料点。卸下板料后，再起动小车左行，重新返回剪板机位置，并开始下一车的剪切装料工作。

板料的长度为 L、每一车（捆）板料的数量可由触摸屏给定。

7.3.2 系统方案设计

采用三菱 FX$_{3U}$ 系列 PLC 为控制器实现剪板机的控制，重点实现用伺服电动机自由设定加料长度，完成伺服系统的精确位置控制。

1. 系统框图

系统框图如图 7-21 所示，采用三菱 FX$_{3U}$-32MT 作为控制器，对三菱 MR-J3 系列伺服驱动器采用脉冲 + 方向的驱动方式，人机交互界面采用三菱 GT1155 触摸屏。

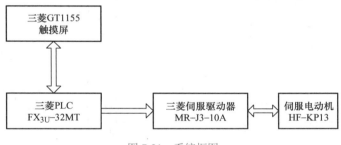

图 7-21 系统框图

2. 硬件选型

硬件配置选型见表 7-10。

表 7-10 硬件配置表

名称	功能	型号	数量
可编程控制器	控制器，通过程序完成控制任务	三菱 FX$_{3U}$-32MT	1
触摸屏	人机交互界面，进行信息交互	三菱 GT1155	1
伺服驱动器	模拟剪板机进给机构	三菱 MR-J3-10A	1
伺服电动机	模拟剪板机进给机构	三菱 HF-KP13	1
按钮	输入，替代剪板机行程开关		若干
指示灯	输出，替代剪板机压块、剪刀和小车动作		若干

7.3.3 电气设计及安装

1. I/O 地址分配

I/O 地址分配见表 7-11。

表 7-11 I/O 地址分配表

输入信号			输出信号		
起动按钮 SB1	X010	小车空载	伺服 PLS–	Y000	发脉冲
停止按钮 SB2	X011		伺服 DIR–	Y001	控制方向
按钮 SB3	X012	模拟小车到位	绿灯 HL1	Y004	模拟小车进入
按钮 SB4	X013	模拟压紧	绿灯 HL2	Y005	模拟压块工作
按钮 SB5	X014	模拟板材落下	绿灯 HL3	Y006	模拟剪刀工作
			红灯 HL1	Y007	模拟小车退出

2. 电气原理图

本系统利用实验设备的按钮和指示灯模拟自动剪板机的传感器和除进料外的动作，以 PLC 控制器为核心，伺服驱动器及电动机为负载。系统电气接线图如图 7-22 所示。

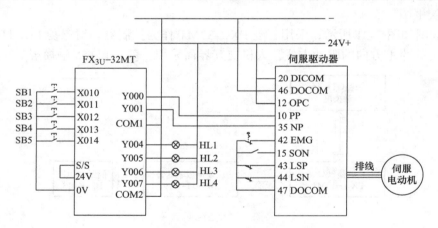

图 7-22 系统电气接线图

3. 伺服参数设置

本系统伺服驱动采用的是简单的位置控制，常用参数设置见表 7-12，可用 6.2.3 节中讲述的方法对伺服驱动器进行参数设置。

表 7-12 伺服参数设置表

参数编号	参数名称	设置数值	初始值
PA01	控制模式的选择	0	0
PA05	伺服电动机一转所需的指令输入脉冲数	1000	0
PA13	指令脉冲输入形式	0011	0000
PA14	转动方向选择	0	0

7.3.4 HMI 组态设计

用三菱人机界面 HMI（触摸屏）GT1155 给出主控信号，主要包括起动按钮、停止按钮、指示灯等，以及模拟小车到位、空载、上下限位等按钮指示灯，还有长度数据设定等，HMI 组态设计参考界面如图 7-23 所示。

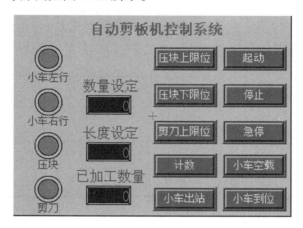

图 7-23　自动剪板机控制系统 HMI 组态设计

组态时，触摸屏与 PLC 连接的地址分配见表 7-13。

表 7-13　触摸屏与 PLC 连接的地址分配表

HMI 功能	PLC 关联元件	HMI 功能	PLC 关联元件
起动	M100	数量设定	D0
停止	M102	长度设定	D4
急停	M120	已加工数量	C0
小车空载	M104	小车左行	M200
小车到位	M106	小车右行	M202
压块上限位	M110	压块运行	M204
压块下限位	M112	剪刀运行	M206
剪刀上限位	M114		
计数	M116		
小车出站	M118		

7.3.5 PLC 程序设计

本系统编程时主要使用脉冲输出指令 PLSY 实现位置控制，程序设计采用 SFC 编程方法，具体程序如图 7-24 所示。

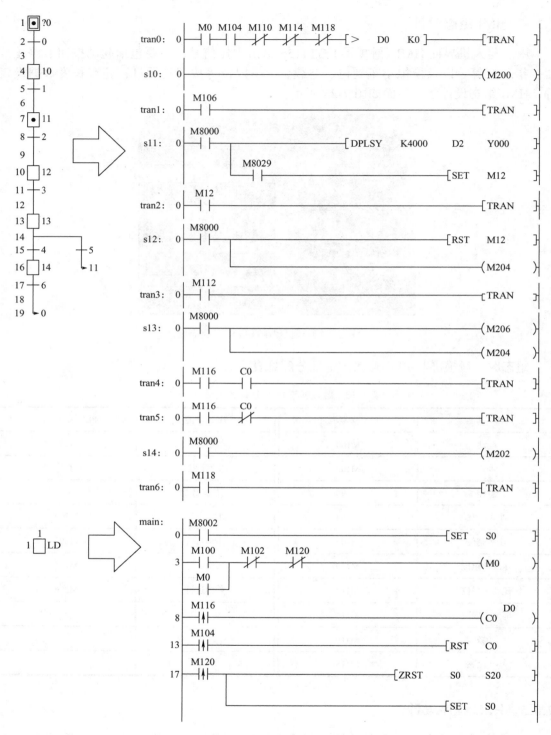

图 7-24　系统 SFC 程序

7.3.6　整体调试及要求

在完成电气系统安装和软件设计后开始调试，分为通电前调试和通电后调试，通电调试应按连接输入设备→连接输出设备→连接实际负载等步骤逐步进行。具体要求见表 7-14。通电时，必须征求指导教师同意，在指导教师的监护下进行通电调试。

表 7-14　系统调试要求

通电前调试	1）自检，按照电路原理图或接线图逐段核对接线端子连接是否正确、线路间绝缘是否良好，有无漏接、错接、端子是否拧紧 2）重点检查各元器件电源，特别是检查 PLC、HMI、伺服驱动器、伺服电动机等电源接入端是否存在短路，检查 PLC 输入和输出电源回路
通电后调试	1）在触摸屏上设定加工数量和加工长度 2）按下起动按钮 SB1 或触摸屏起动按钮和空载按钮，小车开始左行 3）小车到位后，送料（伺服）动作，压块下压、剪切动作 4）完成上述动作，小车开始右行
故障情况	1）若出现故障，必须先切断电源，由学生独立排查故障 2）先排除硬件故障，然后根据功能需要修改 PLC 程序和触摸屏画面 3）若要再次通电，必须在指导教师监护下进行

7.4　攻丝机控制系统的安装与调试

7.4.1　攻丝机的工作原理

图 7-25 所示为一台攻丝机，可以通过触摸屏改变变频器控制的主轴速度，设定进给速度，同时可以通过步进电动机控制进给量和进给位置。攻丝机广泛应于在机床工具、五金制品、金属管、齿轮、阀门及紧固件等的加工中，多轴攻丝机还可以完成多个面的同时加工，可提高加工精度和节约人力资源。攻丝机一般包含承载构件、驱动装置、定位装置、调速装置、夹紧装置、控制系统和人机界面等。其中，驱动装置包括主轴驱动和进给驱动，主轴一般有最高速度和最低速度限制，进给有机械

图 7-25　攻丝机

限位和软限位，还有原点和最大进给力限制，这些限制都可用于报警。

现有一台机床厂攻丝机，控制面板上有三个按钮（分别是起动、停止、急停按钮）和触摸屏。变频器控制主轴速度，步进驱动器设定进给速度，同时控制进给量和进给位置。触摸屏可监控设备运行状态。攻丝操作的控制要求：在原点位限位开关 SQ2 压合时，按下触摸屏起动按钮，钻头主轴旋转。此时，机床按工艺要求动作，每完成一项工艺，丝锥回到原点压合 SQ2 时，主轴停止旋转。这时自动换上下一根丝锥，进入下一工艺。当攻丝机依次完成所有工艺后，攻丝机回到原点停止。换下工件后，再次按下触摸屏起动按钮，攻丝机会重复上述动作。为了便于调试和维修，在该系统中增加了主轴手动旋转和丝锥手动回位。通过触摸屏调试状态手动按下停止按钮，自动工作停止，丝锥回到原位。当

丝锥在原位时，通过触摸屏按下主轴手动旋转按钮，主轴可以开始旋转。

7.4.2 系统方案设计

1. 系统框图

攻丝机的控制系统采用触摸屏和按钮组合，通过 PLC 同时控制步进电动机和变频电动机，形成 PLC 和触摸屏控制的攻丝机控制系统。其框图如图 7-26 所示。

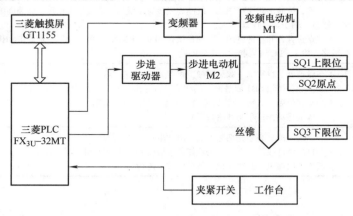

图 7-26　系统框图

2. 加工工艺

假设机床自动攻丝机加工实心毛坯件，加工过程由四把刀具分别按四个工步要求依次进行切削，其加工工艺见表 7-15。加工时，工件由放料盘上的夹头夹紧，变频器驱动主轴电动机做旋转运动，拖动板载丝锥做纵向进给运动，其进给速度由步进电动机控制。每完成一个工艺，丝锥回到原点，换上下一根丝锥进行下一个工艺工作。

表 7-15　加工工艺表

工艺号	工艺名称	动作分解
1	钻孔	延时 1s — 工进 — 快进 — 快退
2	钻深孔	延时 1s — 工进 — 快进 — 工退 — 快退
3	攻螺纹	延时 1s — 工进 — 快进 — 工退 — 快退
4	倒角	延时 1s — 工进 — 快进 — 快退

自动攻丝机的具体工作过程：钻头在原点位限位开关 SQ2 压合时，按下触摸屏起动按钮，主轴旋转，机床按 1 号工艺动作；1 号工艺完成后，丝锥回到原点压合 SQ2 时，主轴停止旋转，这时自动换上下一根丝锥，进入 2 号工艺；进入 2 号工艺后，主轴开始旋转，机床按 2 号工艺动作，2 号工艺完成后按 3 号工艺动作；以此类推；完成 4 号工艺后，攻丝机回到原点停止，换下工件再次按下触摸屏起动按钮，重复上述动作。为了便于调试和维修，在该系统中增加了主轴手动旋转和丝锥手动回位。通过触摸屏调试状态手动按下停止按钮，自动工作停止，丝锥回到原位，当丝锥在原位时，通过触摸屏按下主轴手动旋转按钮，主轴开始旋转。

7.4.3　电气设计及安装

1. I/O 地址分配

该控制系统中共有触摸屏和按钮两种输入信号，有触摸屏和按钮两种输出信号，选用 FX$_{3U}$ 系列 PLC 和 GOT1000 触摸屏来实现该任务。根据控制要求，I/O 地址分配见表 7-16。

表 7-16　I/O 地址分配表

输入信号		输出信号	
急停按钮	X000	步进 PLS-	Y000
起动按钮	X001	步进 DIR-	Y002
停止按钮	X002	变频器 STF	Y004
原点信号	X003	变频器 STR	Y005
上限位	X004	放松线圈	Y010
下限位	X005	夹紧线圈	Y011
夹紧检测	X006		

2. 电气原理图

攻丝机控制系统硬件接线图如图 7-27 所示。

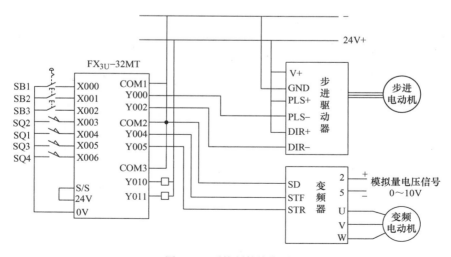

图 7-27　系统硬件接线图

7.4.4 HMI 组态设计

用三菱人机界面 HMI（触摸屏）GT1155 给出主控信号，主要包括主界面、调试界面和加工界面。HMI 组态设计参考界面如图 7-28 所示。

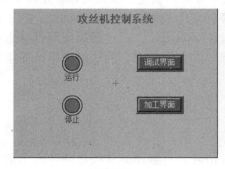

a) 主界面

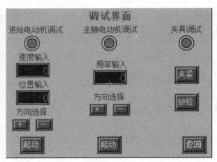

b) 调试界面

c) 加工界面

图 7-28 攻丝机控制系统 HMI 组态设计

组态时，触摸屏与 PLC 连接的地址分配见表 7-17。

表 7-17 触摸屏与 PLC 连接的地址分配表

HMI 功能	PLC 关联元件	HMI 功能	PLC 关联元件
步进电动机速度输入	D0	变频电动机方向 +	M10
步进电动机位置输入	D2	变频电动机方向 −	M11
步进电动机方向 +	M8	变频电动机复位	M16
步进电动机方向 −	M6	单周期运行	M31
步进电动机起动	M4	全自动运行	M32
变频电动机频率输入	D4	夹具调试夹紧	M20
		夹具调试放松	M21

7.4.5 PLC 程序设计

由于工程项目比较大，程序设计在组织框架上首先进行分配三段程序，分别是主界面程序、调试界面程序和加工界面程序。

调试界面用于设置步进电动机、变频器及夹具的工作状态，进行相关参数设定。

1）步进电动机控制程序。通过触摸屏 M8、M6 设置方向，M4 起动步进电动机，并且按照触摸屏设置的数据寄存器 D0 ～ D3 中的设定速度和设定位置进行控制。程序如图 7-29 所示。

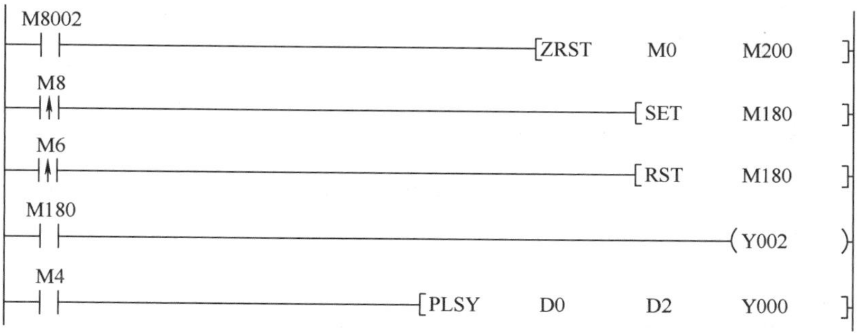

图 7-29　步进电动机控制程序

2）变频器控制程序。通过触摸屏进行变频器的频率设定，并存入（D4，D5）中，PLC 将频率值存入 D8262，实现 D/A 转换，控制变频器频率值。通过触摸屏控制信号 M10、M11 实现正反转，M16 复位控制。程序如图 7-30 所示。

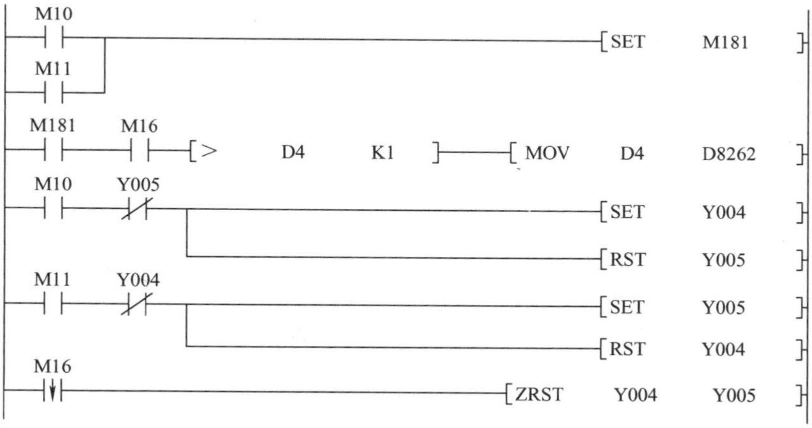

图 7-30　变频器控制程序

可通过触摸屏调试界面调试好变频器和步进电动机后进入加工界面。加工界面控制程序可通过触摸屏设置加工工件数和相关的工艺参数，但变频电动机和步进电动机的参数需要从调试界面输入。根据动作过程，通过触摸屏设置好参数后，变频电动机和步进电动机每完成一次工进、快进、工退、快退和循环，攻丝机进入下一个工艺。这里仅介绍典型的往返运动程序和原点回归程序。参考程序如图 7-31 和图 7-32 所示。

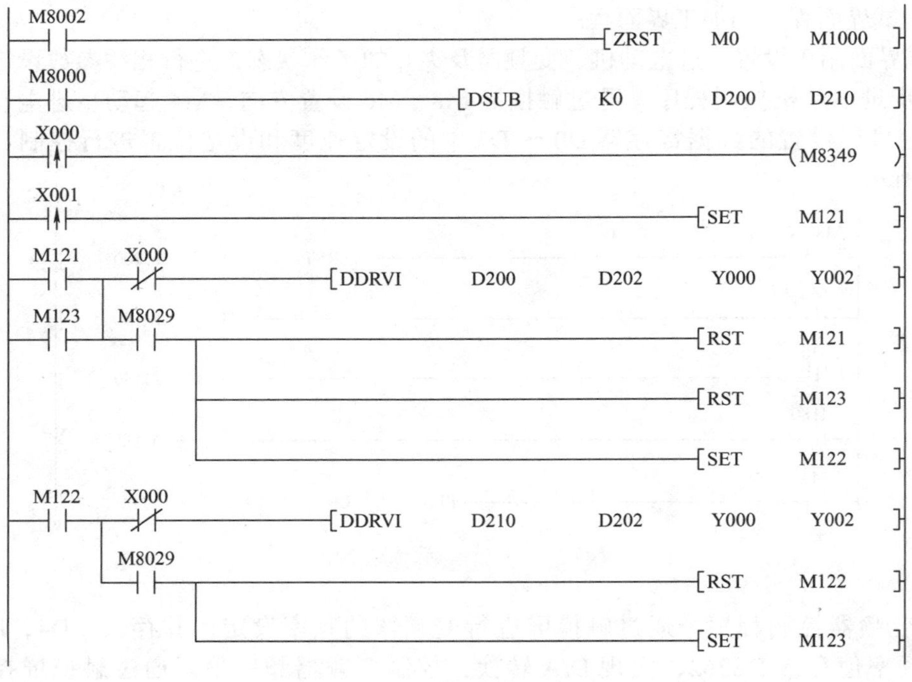

图 7-31　往返运动程序

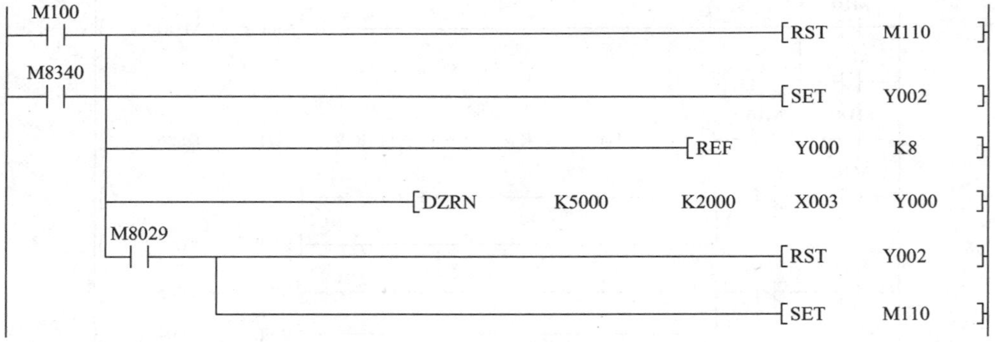

图 7-32　原点回归程序

7.4.6　整体调试及要求

在完成电气系统安装和软件设计后开始调试，分为通电前调试和通电后调试，通电调试应按连接输入设备→连接输出设备→连接实际负载等步骤逐步进行。具体要求见表7-18。通电时，必须征求指导教师同意，在指导教师的监护下进行通电调试。

表 7-18　系统调试要求

通电前调试	1）自检，按照电路原理图或接线图逐段核对接线端子连接是否正确、线路间绝缘是否良好，有无漏接、错接，端子是否拧紧 2）重点检查各元器件电源，特别是检查 PLC、HMI、步进驱动器、步进电动机、变频器、交流异步电动机等电源接入端是否存在短路，检查 PLC 输入和输出电源回路

（续）

通电后调试	1）调试触摸屏与 PLC 的通信状态 2）进入调试界面，设置步进电动机、变频器及夹具的参数 3）进入加工界面进行加工运行
故障情况	1）若出现故障，必须先切断电源，由学生独立排查故障 2）先排除硬件故障，然后根据功能需要修改 PLC 程序和触摸屏画面 3）若要再次通电，必须在指导教师监护下进行

习　题

7.1　混料罐控制系统程序编写。

混料罐系统如图 7-33 所示，该系统由以下电气控制回路组成：进料泵 1 由电动机 M1 驱动（M1 为三相异步电动机，只进行单向正转运行）。进料泵 2 由电动机 M2 驱动（M2 为三相异步电动机，由变频器进行多段速控制，变频器参数设置为第一段速为 10Hz，第二段速为 30Hz，第三段速为 40Hz，第四段速为 50Hz，加速时间为 1.2s，减速时间为 0.5s）。出料泵由电动机 M3 驱动 [M3 为三相异步电动机（带速度继电器），只进行单向正转运行]。混料泵由电动机 M4 驱动（M4 为双速电动机，需要考虑过载、联锁保护）。液料罐中的液位由电动机 M5 通过丝杠带动滑块来模拟（M5 为伺服电动机，伺服电动机参数设置：伺服电动机旋转一周需要 2000 个脉冲）。

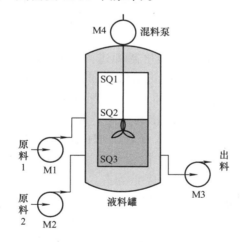

图 7-33　混料罐系统图

1. 系统控制要求

混料罐控制系统设备具备两种工作模式：模式一为调试模式；模式二为混料模式。设备上电后，触摸屏显示欢迎界面，点击界面任一位置，触摸屏即进入调试画面，设备开始进入调试模式。

触摸屏进入调试画面后，指示灯 HL1、HL2 以 0.5Hz 频率闪烁点亮，等待电动机调试。通过按下选择调试按钮可依次选择需要调试的电动机 M1 ～ M5，对应电动机指示灯亮，HL1、HL2 停止闪烁。按下调试起动按钮 SB1，选中的电动机将进行调试运行。每个电动机调试完成后，对应的指示灯熄灭。

（1）进料泵1对应电动机M1调试过程　按下起动按钮SB1后，电动机M1起动运行，6s后停止，电动机M1调试结束。M1调试过程中，HL1长亮。

（2）进料泵2对应电动机（变频电动机）M2调试过程　按下起动按钮SB1后，电动机M2以10Hz起动，再按下SB1，电动机M2以30Hz运行，再按下SB1，电动机M2以40Hz运行，再按下SB1，电动机M2以50Hz运行，按下停止按钮SB2，M2停止。M2调试过程中，HL1以亮2s、灭1s的周期闪烁。

（3）出料泵对应电动机M3调试过程　按下SB1，电动机M3起动，3s后M3停止，再3s后又自动起动，按此周期反复运行，可随时按下SB2停止。M3调试过程中，HL2长亮。

（4）混料泵对应电动机M4调试过程　按下SB1，电动机M4以低速运行4s后停止，再次按下起动按钮SB1后，高速运行6s，电动机M4调试结束。电动机M4调试过程中，HL2以亮2s、灭1s的周期闪烁。

（5）液位模拟电动机（伺服电动机）M5调试过程　初始状态断电手动调节至高液位SQ1，按下按钮SB1，电动机M5正转带动滑块以10mm/s（已知滑台丝杠的导程为5mm）的速度向左移动，当SQ2检测到中液位信号时，停止旋转，再次按下SB1，电动机M5正转带动滑块以8mm/s的速度向左移动，当SQ3检测到低液位信号时停止旋转，至此，电动机M5调试结束。电动机M5调试过程中，按下SB2，电动机M5立即停止，再按下SB1，电动机M5继续运行，另外，M5调试过程中HL1和HL2同时以2Hz的频率闪烁。

所有电动机（M1～M5）调试完成后，触摸屏画面将自动切换进入到混料模式。在未进入混料模式时，单台电动机可以反复调试。

自动切换进入到混料模式后，触摸屏随即进入混料模式画面。主要包含：①各泵的工作状态指示；②液位检测开关的状态指示灯；③画面中的液位跟随电动机M5的实际运行位置（编码器检测）连续变化；④画面中包含配方选择开关，以及循环方式选择开关；⑤画面中包含系统已循环运行次数（停止或失电时都不会被清零）等信息。

混料模式时初始状态：指示灯HL3开始以1Hz频率闪烁，液位模拟电动机M5所带动的滑块位于低位SQ3，混料模式起动按钮SB3、停止按钮SB4、急停按钮SB5全部位于初始状态、所有电动机（M1～M5）停止等。

2. 混料罐控制系统工艺流程与控制要求

1）开始混料之前，首先应对系统的循环方式以及配方进行选择：循环方式选择开关SA1为0时，系统为连续循环模式，为1时，系统为单次循环模式；配方选择开关SA2为1时，选择配方1，为0时，选择配方2。

2）选择配方1时。混料罐的工艺流程如下：按下SB3，进料泵电动机M1运行，液位增加（电动机M5以8mm/s速度右行）；当SQ2检测到达中液位时，进料泵电动机M2以40Hz对应的转速运行，液位加速上升（电动机M5以12mm/s速度右行），同时混料泵电动机M4开始低速运行；当SQ1检测到达高液位时，进料泵电动机M1、M2均停止，液位不再上升（M5停止），同时混料泵电动机M4开始高速运行，持续5s后M4停止；此时开始检测液体温度（温度控制器+热电阻Pt100），温度超过30℃时，出料泵电动机M3开始运行，液位开始下降（电动机M5以20mm/s速度左行）；当SQ3检测到达低液位时，

M3 停止，液位不再下降（M5 停止）。至此，混料罐完成一个周期的运行。整个混料过程中 HL3 长亮。

3）选择配方 2 时。混料罐的工艺流程如下：按下 SB3，进料泵电动机 M1 运行，进料泵电动机 M2 以 10Hz 对应的转速运行，液位增加（电动机 M5 以 10mm/s 速度右行）；当 SQ2 检测到达中液位时，进料泵电动机 M1 停止，进料泵电动机 M2 以 30Hz 对应的转速运行，液位继续上升（电动机 M5 以 8mm/s 速度右行），同时混料泵电动机 M4 开始低速运行；当 SQ1 检测到达高液位时，进料泵电动机 M2 停止，液位不再上升（M5 停止），同时混料泵电动机 M4 开始高速运行，持续 5s 后出料泵电动机 M3 开始运行，液位开始下降（电动机 M5 以 10mm/s 速度左行），当 SQ2 检测到达中液位时，混料泵电动机 M4 停止；当 SQ3 检测到达低液位时，M3 停止，液位不再下降（M5 停止）。至此，混料罐完成一个周期的运行，整个混料过程中 HL3 长亮。

4）若混料罐为单次循环模式，则每完成一个周期，混料罐自动停止，同时指示灯 HL3 以 1Hz 频率闪烁；若混料罐为连续循环模式，则混料罐将连续进行 3 次循环后自动停止，期间按急停按钮 SB5 混料罐立即停止；直至 SB5 复位，再次按下起动按钮 SB3，混料罐继续运行；期间按停止按钮 SB4，则混料罐完成当前循环后才能停止。

5）加工模式结束后，可以通过触摸屏查看液位的历史变化曲线（由编码器计数测出）。

7.2　平面仓库控制系统程序编写。

平面仓库包括三个仓位和一台运动送料小车，如图 7-34 所示。每个仓位配有一个入库检测传感器（SQ1 ～ SQ3），最多储存货料数量由仓位大小决定，运动送料小车由步进电动机 M1 驱动的直线导轨、载货台及货物检测传感器 SQ4、送料气缸 YV1 及前后限位的磁性开关（SQ5、SQ6）、小车左右限位保护传感器（SQ7、SQ8）、检测小车位置的旋转编码器等组成。

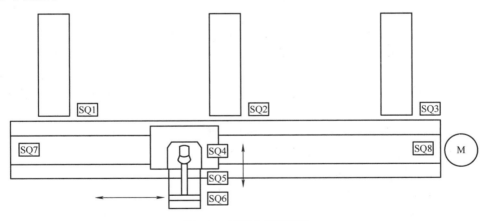

图 7-34　平面仓库俯视图

机械手主要由手部机构、运动机构和控制系统三大部分组成，用于完成取货物的工作。SQ9、SQ10 为机械手伸缩位置传感器，SQ11、SQ12 为机械手松紧状态传感器。

直线导轨由步进电动机 M1 驱动，旋转编码器对小车位置进行检测，要求使用旋转编码器的两相正交输入方式来进行检测，已知直线导轨的螺距为 5mm；送料气缸 YV1 由输出指示灯 HL1 模拟，置位则推出，复位则返回；机械手底盘旋转由伺服电动机 M2 控制（伺服电动机参数设置：伺服电动机旋转一周需要 4000 个脉冲，正转转速为 1 圈 /s，反转转速 2 圈 /s）；机械手伸出由异步电动机 M3 驱动，要求能进行正、反转运行，M3 正转则机械手伸出，反转则机械手缩回；机械手抓紧电磁阀由三相异步电动机 M4 驱动，要求能进行丫– △减压起动，M4 起动完成则机械手抓紧，M4 停止则机械手松开。

1. 控制系统设计要求

平面仓库系统设备具备两种工作模式：模式一为调试模式；模式二为加工模式。设备上电后触摸屏进入欢迎界面，触摸界面任意位置，设备进入调试模式。

设备进入手动调试模式后，触摸屏出现调试画面。通过按下选择调试按钮选择需要调试的电动机，当前电动机指示灯亮，触摸屏提示信息变化为"××电动机调试"（××为当前调试电动机的名称），按下起动按钮 SB1，选中的电动机将进行调试运行。每个电动机调试完成后，对应的指示灯消失。所有电动机调试完成后按下 SB3，将切换到自动运行模式。

（1）直线导轨步进电动机 M1 调试过程　按一下按钮 SB1，步进电动机 M1 前行 5cm，暂停 2s 后前行 3cm 到达仓位 1，暂停 1s 后前行 3cm 到达仓位 2，暂停 1s 后前行 3cm 到达仓位 3，暂停 1s 后返回初始位置，M1 停止。电动机 M1 运行时，HL4 绿灯长亮，暂停时闪烁。

（2）机械手底盘伺服电动机 M2 调试过程　已知伺服电动机 M2 通过减速齿轮带动机械手底盘旋转，减速比为 36：1。按下 SB1，电动机 M2 以 2s 间隔顺时针旋转 10°、20°、30°，暂停 2s 后，以 15°/s 的速度逆时针转回初始位置后停止。电动机 M2 运行时，HL4 绿灯长亮，M2 暂停时，HL4 绿灯闪烁，M2 回到初始位置后，HL4 绿灯亮 2s 后灭。

（3）异步电动机 M3 调试过程　按下按钮 SB1，电动机 M3 正转起动，2s 后停止；再次按下按钮 SB1，电动机 M3 反转起动，3s 后停止；电动机 M3 运行时，HL4 绿灯亮。

（4）异步电动机 M4 调试过程　按下按钮 SB1，电动机 M4 起动，2s 后切换至△运行；按下按钮 SB2，3s 后电动机 M4 停止；电动机 M4 运行时，HL4 绿灯亮。

所有电动机（M1 ～ M4）调试完成后将自动切换到加工模式。在未切换到加工模式时，单台电动机可以反复调试。

系统切换到加工模式后，触摸屏也随之进入加工模式画面，出现"加工模式"字样，画面自行设计。画面设计要求：触摸屏画面有货物位置指示，机械手取货物、各仓位入库时相应位置闪烁；设置各仓位最多可装货物预设值参数对话框（设置设定值），显示各仓位货物数量，满仓时，显示平面仓库系统已装满。

2. 平面仓库工艺流程与控制要求

（1）系统初始化状态　小车处于原点（左限位状态，SQ7 检测），气缸处于初始状态（后限位状态，SQ6 检测），小车内无货物（SQ4 检测），机械手处于原始位置。

（2）运行操作

1）按下起动按钮 SB1，运动送料小车从原点向右运行 5cm，到达接货区，通过机械手将货料搬运到小车上。

2）机械手取货物。机械手底盘顺时针旋转 30° 到达取货区，2s 后机械手伸出，快速抓紧货物后，机械手底盘逆时针旋转 60° 到达接货台，机械手缓慢松开货物，货物检测传感器 SQ4 检测到信号时机械手收回，机械手底盘顺时针旋转回原始位置。

3）当货物检测传感器 SQ4 检测到信号，且机械手回到初始位置后，运动送料小车继续向右运行 3cm，到达第一个仓位处停止运行，开始入库操作。

4）入库操作开始时，气缸从初始状态动作，将货物从小车推到仓位中，第一个仓位入库检测传感器 SQ1 检测到信号，开始计数，气缸回到初始状态，入库操作完成。

5）入库操作完成后，送料小车回到接货位等待第二个货物，机械手取货，货物传感器 SQ4 检测到第二个货物时，机械手回到初始位置，小车继续运行，将货物送到第一个仓位，直到第一个仓位满仓后，再将货物送到第二个仓位（三个仓位相隔均为 3cm），依次类推。

6）当所有仓位都满仓时，系统停止运行，同时报警指示灯 HL2 闪烁（周期为 0.5s）。

（3）停止操作

1）按下停止按钮 SB2，系统完成第一个动作周期后停止运行。

2）当停止后再次起动运行时，系统保持上次运行的纪录。

（4）送料过程的动作要求连贯，执行动作要求顺序执行，运行过程不允许出现硬件冲突。

（5）系统状态显示　系统运行时，绿灯 HL4 亮，取货和入库时，绿灯 HL4 闪烁（周期为 1s），系统停止时，红灯 HL2 亮。

附录

附录 A FX₃ᵤ 系列可编程控制器应用指令总表

应用指令可分为以下 18 种：

1	数据传送指令	10	字符串处理指令
2	数据转换指令	11	程序流程控制指令
3	比较指令	12	I/O 刷新指令
4	四则运算指令	13	时钟控制指令
5	逻辑运算指令	14	脉冲输出、定位指令
6	特殊函数指令	15	串行通信指令
7	循环指令	16	特殊功能模块 / 单元控制指令
8	移位指令	17	扩展寄存器 / 扩展文件寄存器控制指令
9	数据处理指令	18	其他的方便指令

1. 数据传送指令

指令	FNC No.	格式	功能
MOV	FNC 12	⊢⊢——[MOV | S | D]	传送
SMOV	FNC 13	⊢⊢—[SMOV | S | m1 | m2 | D | n]	位传送
CML	FNC 14	⊢⊢——[CML | S | D]	取反传送
BMOV	FNC 15	⊢⊢—[BMOV | S | D | n]	成批传送
FMOV	FNC 16	⊢⊢—[FMOV | S | D | n]	多点传送
PRUN	FNC 81	⊢⊢—[PRUN | S | D]	八进制位传送
XCH	FNC 17	⊢⊢——[XCH | D1 | D2]	交换
SWAP	FNC 147	⊢⊢———[SWAP | S]	高低字节互换
EMOV	FNC 112	⊢⊢—[EMOV | S | D]	二进制浮点数数据传送
HCMOV	FNC 189	⊢⊢—[HCMOV | S | D | n]	高速计数器的传送

2. 数据转换指令

指令	FNC No.	格式	功能
BCD	FNC 18	BCD S D	二进制转换成 BCD 码
BIN	FNC 19	BIN S D	BCD 码转换成二进制
GRY	FNC 170	GRY S D	二进制转换成格雷码
GBIN	FNC 171	GBIN S D	格雷码转换成二进制
FLT	FNC 49	FLT S D	整数转浮点数（实数）
INT	FNC 129	INT S D	二进制浮点数（实数）转二进制整数
EBCD	FNC 118	EBCD S D	二进制浮点数转十进制浮点数
EBIN	FNC 119	EBIN S D	十进制浮点数转二进制浮点数
RAD	FNC 136	RAD S D	二进制浮点数角度转弧度
DEG	FNC 137	DEG S D	二进制浮点数弧度转角度

3. 比较指令

指令	FNC No.	格式	功能
LD =	FNC 224	= S1 S2	触点比较 [S1] = [S2]
LD >	FNC 225	> S1 S2	触点比较 [S1] > [S2]
LD <	FNC 226	< S1 S2	触点比较 [S1] < [S2]
LD < >	FNC 228	<> S1 S2	触点比较 [S1] ≠ [S2]
LD < =	FNC 229	<= S1 S2	触点比较 [S1] ≤ [S2]
LD > =	FNC 230	>= S1 S2	触点比较 [S1] ≥ [S2]
AND =	FNC 232	= S1 S2	串联触点比较 [S1] = [S2]
AND >	FNC 233	> S1 S2	串联触点比较 [S1] > [S2]
AND <	FNC 234	< S1 S2	串联触点比较 [S1] < [S2]

(续)

指令	FNC No.	格式	功能
AND < >	FNC 236	`<>` S1 S2	串联触点比较 [S1] ≠ [S2]
AND < =	FNC 237	`<=` S1 S2	串联触点比较 [S1] ≤ [S2]
AND > =	FNC 238	`>=` S1 S2	串联触点比较 [S1] ≥ [S2]
OR =	FNC 240	`=` S1 S2	并联触点比较 [S1] = [S2]
OR >	FNC 241	`>` S1 S2	并联触点比较 [S1] > [S2]
OR <	FNC 242	`<` S1 S2	并联触点比较 [S1] < [S2]
OR < >	FNC 244	`<>` S1 S2	并联触点比较 [S1] ≠ [S2]
OR < =	FNC 245	`<=` S1 S2	并联触点比较 [S1] ≤ [S2]
OR > =	FNC 246	`>=` S1 S2	并联触点比较 [S1] ≥ [S2]
CMP	FNC 10	CMP S1 S2 D	比较
ZCP	FNC 11	ZCP S1 S2 S D	区间比较
ECMP	FNC 110	ECMP S1 S2 D	二进制浮点数比较
EZCP	FNC 111	EZCP S1 S2 S D	二进制浮点数区间比较
HSCS	FNC 53	HSCS S1 S2 D	比较置位（高速计数用）
HSCR	FNC 54	HSCR S1 S2 D	比较复位（高速计数用）
HSZ	FNC 55	HSZ S1 S2 S D	区间比较（高速计数用）
HSCT	FNC 280	HSCT S1 m S2 D n	高速计数器的表格比较

（续）

指令	FNC No.	格式	功能
BKCMP =	FNC 194	BKCMP= S1 S2 D n	数据块比较 [S1] = [S2]
BKCMP >	FNC 195	BKCMP> S1 S2 D n	数据块比较 [S1] > [S2]
BKCMP <	FNC 196	BKCMP< S1 S2 D n	数据块比较 [S1] < [S2]
BKCMP < >	FNC 197	BKCMP<> S1 S2 D n	数据块比较 [S1] ≠ [S2]
BKCMP < =	FNC 198	BKCMP<= S1 S2 D n	数据块比较 [S1]≤[S2]
BKCMP > =	FNC 199	BKCMP>= S1 S2 D n	数据块比较 [S1]≥[S2]

4. 四则运算指令

指令	FNC No.	格式	功能
ADD	FNC 20	ADD S1 S2 D	二进制加法
SUB	FNC 21	SUB S1 S2 D	二进制减法
MUL	FNC 22	MUL S1 S2 D	二进制乘法
DIV	FNC 23	DIV S1 S2 D	二进制除法
EADD	FNC 120	EADD S1 S2 D	二进制浮点数（实数）加法
ESUB	FNC 121	ESUB S1 S2 D	二进制浮点数（实数）减法
EMUL	FNC 122	EMUL S1 S2 D	二进制浮点数（实数）乘法
EDIV	FNC 123	EDIV S1 S2 D	二进制浮点数（实数）除法
BK+	FNC 192	BK+ S1 S2 D n	数据块加法运算
BK–	FNC 193	BK– S1 S2 D n	数据块减法运算
INC	FNC 24	INC D	二进制加 1
DEC	FNC 25	DEC D	二进制减 1

5. 逻辑运算指令

指令	FNC No.	格式	功能
WAND	FNC 26	⊢⊢ [WAND S1 S2 D]	字与
WOR	FNC 27	⊢⊢ [WOR S1 S2 D]	字或
WXOR	FNC 28	⊢⊢ [WXOR S1 S2 D]	字异或

6. 特殊函数指令

指令	FNC No.	格式	功能
SQR	FNC 48	⊢⊢ [SQR S D]	整数开二次方运算
ESQR	FNC 127	⊢⊢ [ESQR S D]	二进制浮点数开二次方运算
EXP	FNC 124	⊢⊢ [EXP S D]	二进制浮点数指数运算
LOGE	FNC 125	⊢⊢ [LOGE S D]	二进制浮点数自然对数运算
LOG10	FNC 126	⊢⊢ [LOG10 S D]	二进制浮点数常用对数运算
SIN	FNC 130	⊢⊢ [SIN S D]	二进制浮点数正弦函数运算
COS	FNC 131	⊢⊢ [COS S D]	二进制浮点数余弦函数运算
TAN	FNC 132	⊢⊢ [TAN S D]	二进制浮点数正切函数运算
ASIN	FNC 133	⊢⊢ [ASIN S D]	二进制浮点数反正弦函数运算
ACOS	FNC 134	⊢⊢ [ACOS S D]	二进制浮点数反余弦函数运算
ATAN	FNC 135	⊢⊢ [ATAN S D]	二进制浮点数反正切函数运算
RND	FNC 184	⊢⊢ [RND D]	产生随机数

7. 循环指令

指令	FNC No.	格式	功能
ROR	FNC 30	⊢⊢ [ROR D n]	循环右移
ROL	FNC 31	⊢⊢ [ROL D n]	循环左移

（续）

指令	FNC No.	格式	功能
RCR	FNC 32	RCR D n	带进位循环右移
RCL	FNC 33	RCL D n	带进位循环左移

8. 移位指令

指令	FNC No.	格式	功能
SFTR	FNC 34	SFTR S D n1 n2	位右移
SFTL	FNC 35	SFTL S D n1 n2	位左移
SFR	FNC 213	SFR D n	16 位数据的 n 位右移（带进位）
SFL	FNC 214	SFL D n	16 位数据的 n 位左移（带进位）
WSFR	FNC 36	WSFR S D n1 n2	字右移
WSFL	FNC 37	WSFL S D n1 n2	字左移
SFWR	FNC 38	SFWR S D n	移位写入（先入先出）
SFRD	FNC 39	SFRD S D n	移位读出（先入先出）
POP	FNC212	POP S D n	读取后入的数据（先入后出）

9. 数据处理指令

指令	FNC No.	格式	功能
ZRST	FNC 40	ZRST D1 D2	成批复位
DECO	FNC 41	DECO S D n	译码
ENCO	FNC 42	ENCO S D n	编码
MEAN	FNC 45	MEAN S D n	平均值
WSUM	FNC 140	WSUM S D n	数据合计值
SUM	FNC 43	SUM S D	统计 ON 的位数

（续）

指令	FNC No.	格式	功能
BON	FNC 44	BON S D n	判断 ON 的位
NEG	FNC 29	NEG D	计算补码
ENEG	FNC 128	ENEG D	二进制浮点数符号翻转
WTOB	FNC 141	WTOB S D n	字节单位的数据分离
BTOW	FNC 142	BTOW S D n	字节单位的数据结合
UNI	FNC 143	UNI S D n	16 位数据的 4 位结合
DIS	FNC 144	DIS S D n	16 位数据的 4 位分离
CCD	FNC 84	CCD S D n	校验码
CRC	FNC 188	CRC S D n	CRC 运算
LIMIT	FNC 256	LIMIT S1 S2 S3 D	上下限限位控制
BAND	FNC 257	BAND S1 S2 S3 D	死区控制
ZONE	FNC 258	ZONE S1 S2 S3 D	区域控制
SCL	FNC 259	SCL S1 S2 D	定坐标（各点的坐标数据）
SCL2	FNC 269	SCL2 S1 S2 D	定坐标 2（X/Y 坐标数据）
SORT	FNC 69	SORT S m1 m2 D n	数据排列
SORT2	FNC 149	SORT2 S m1 m2 D n	数据排列 2
SER	FNC 61	SER S1 S2 D n	数据检索
FDEL	FNC 210	FDEL S D n	数据表的数据删除
FINS	FNC 211	FINS S D n	数据表的数据插入

10. 字符串处理指令

指令	FNC No.	格式	功能
ESTR	FNC 116	ESTR S1 S2 D	二进制浮点数转换成字符串
EVAL	FNC 117	EVAL S D	字符串转换成二进制浮点数
STR	FNC 200	STR S1 S2 D	二进制整数转换成字符串
VAL	FNC 201	VAL S D1 D2	字符串转换二进制整数
DABIN	FNC 260	DABIN S D	十进制 ASCII 码转二进制整数
BINDA	FNC 261	BINDA S D	二进制整数转十进制 ASCII 码
ASCI	FNC 82	ASCI S D n	十六进制转 ASCII 码
HEX	FNC 83	HEX S D n	ASCII 码转十六进制
$MOV	FNC 209	$MOV S D	字符串传送
$+	FNC 202	$+ S1 S2 D	字符串合并
LEN	FNC 203	LEN S D	检测字符串长度
RIGHT	FNC 204	RIGHT S D n	从字符串右侧开始取出
LEFT	FNC 205	LEFT S D n	从字符串左侧开始取出
MIDR	FNC 206	MIDR S1 D S2	字符串中任意位置取出
MIDW	FNC 207	MIDW S1 D S2	字符串中任意位置替换
INSTR	FNC 208	INSTR S1 S2 D n	字符串检索
COMRD	FNC 182	COMRD S D	读出软元件的注释数据

11. 程序流程控制指令

指令	FNC No.	格式	功能
CJ	FNC 00	CJ Pn	条件跳转
CALL	FNC 01	CALL Pn	子程序调用

（续）

指令	FNC No.	格式	功能
SRET	FNC 02	SRET	子程序返回
IRET	FNC 03	IRET	中断返回
EI	FNC 04	EI	允许中断
DI	FNC 05	DI	禁止中断
FEND	FNC 06	FEND	主程序结束
FOR	FNC 08	FOR S	循环范围的开始
NEXT	FNC 09	NEXT	循环范围的结束

12. I/O 刷新指令

指令	FNC No.	格式	功能
REF	FNC 50	REF D n	输入输出刷新
REFF	FNC 51	REFF n	输入刷新（带滤波器设定）

13. 时钟控制指令

指令	FNC No.	格式	功能
TCMP	FNC 160	TCMP S1 S2 S3 S D	时钟数据的比较
TZCP	FNC 161	TZCP S1 S2 S D	时钟数据的区间比较
TADD	FNC 162	TADD S1 S2 D	时钟数据的加法运算
TSUB	FNC 163	TSUB S1 S2 D	时钟数据的减法运算
TRD	FNC 166	TRD D	读出时钟数据
TWR	FNC 167	TWR S	写入时钟数据
HTOS	FNC 164	HTOS S D	[小时]数据的秒转换
STOH	FNC 165	STOH S D	秒数据的[小时]转换

14. 脉冲输出、定位指令

指令	FNC No.	格式	功能
ABS	FNC 155	ABS S D1 D2	读出 ABS 当前值
DSZR	FNC 150	DSZR S1 S2 D1 D2	带 DOG 搜索的原点回归
ZRN	FNC 156	ZRN S1 S2 S3 D	原点回归
TBL	FNC 152	TBL D n	表格设定定位
DVIT	FNC 151	DVIT S1 S2 D1 D2	中断定位
DRVI	FNC 158	DRVI S1 S2 D1 D2	相对定位
DRVA	FNC 159	DRVA S1 S2 D1 D2	绝对定位
PLSV	FNC 157	PLSV S D1 D2	可变速脉冲输出
PLSY	FNC 57	PLSY S1 S2 D	指定频率脉冲输出
PLSR	FNC 59	PLSR S1 S2 S3 D	带加减速的脉冲输出

15. 串行通信指令

指令	FNC No.	格式	功能
RS	FNC 80	RS S m D n	串行数据的传送
RS2	FNC 87	RS2 S m D n n1	串行数据的传送 2
IVCK	FNC 270	IVCK S1 S2 D n	变频器的运行监视
IVDR	FNC 271	IVDR S1 S2 S3 n	变频器的运行控制
IVRD	FNC 272	IVRD S1 S2 D n	读出变频器的参数
IVWR	FNC 273	IVWR S1 S2 S3 n	写入变频器的参数
IVBWR	FNC 274	IVBWR S1 S2 S3 n	成批写入变频器的参数

16. 特殊功能模块 / 单元控制指令

指令	FNC No.	格式	功能
FROM	FNC 78	FROM m1 m2 D n	BFM 的读出
TO	FNC 79	TO m1 m2 D n	BFM 的写入
RD3A	FNC 176	RD3A m1 m2 D	模拟量模块的读出
WR3A	FNC 177	WR3A m1 m2 S	模拟量模块的写入
RBFM	FNC 278	RBFM m1 m2 D n1 n2	BFM 分割读出
WBFM	FNC 279	WBFM m1 m2 S n1 n2	BFM 分割写入

17. 扩展寄存器 / 扩展文件寄存器控制指令

指令	FNC No.	格式	功能
LOADR	FNC 290	LOADR S n	扩展文件寄存器的读出
SAVER	FNC 291	SAVER S n D	扩展文件寄存器的成批写入
RWER	FNC 294	RWER S n	扩展文件寄存器的重新写入
INITR	FNC 292	INITR S n	文件寄存器及扩展文件寄存器的初始化
INITER	FNC 295	INITER S n	扩展文件寄存器的初始化
LOGR	FNC 293	LOGR S m D1 n D2	写入文件寄存器及扩展文件寄存器

18. 其他的方便指令

指令	FNC No.	格式	功能
WDT	FNC 07	WDT	监视定时器刷新
ALT	FNC 66	ALT D	交替输出
ANS	FNC 46	ANS S m D	信号报警器置位
ANR	FNC 47	ANR	信号报警器复位
HOUR	FNC 169	HOUR S D1 D2	计时表

（续）

指令	FNC No.	格式	功能
RAMP	FNC 67	RAMP S1 S2 D n	斜波信号
SPD	FNC 56	SPD S1 S2 D	脉冲密度
PWM	FNC 58	PWM S1 S2 D	脉宽调制输出
DUTY	FNC 186	DUTY n1 n2 D	发出定时脉冲
PID	FNC 88	PID S1 S2 S3 D	PID 运算
ZPUSH	FNC 102	ZPUSH D	变址寄存器的成批保存
ZPOP	FNC 103	ZPOP D	变址寄存器的恢复
TTMR	FNC 64	TTMR D n	示教定时器
STMR	FNC 65	STMR S m D	特殊定时器
ABSD	FNC 62	ABSD S1 S2 D n	凸轮控制（绝对式）
INCD	FNC 63	INCD S1 S2 D n	凸轮控制（相对式）
ROTC	FNC 68	ROTC S m1 m2 D	旋转工作台控制
IST	FNC 60	IST S D1 D2	状态初始化
MTR	FNC 52	MTR S D1 D2 n	矩阵输入

附录 B　FX$_{3U}$ 可编程控制器定位控制相关软元件及含义

表 B-1　特殊辅助继电器

软元件编号			名称	适用指令
Y000	Y001	Y002		
	M8029		指令执行结束标志位	PLSY/PLSR/DSZR/DVIT/ZRN
	M8329		指令执行异常结束标志位	PLSV/DRVI/DRVA
	M8338		加 / 减速动作	PLSV
	M8336		中断输入指定有效	DVIT
M8340	M8350	M8360	脉冲输出中监控（BUSY/READY）	PLSY/PLSR/DSZR/DVIT/ZRN PLSV/DRVI/DRVA
M8341	M8351	M8361	清零信号输出功能有效	DSZR/ZRN
M8342	M8352	M8362	原点回归方向指定	DSZR
M8343	M8353	M8363	正转极限	PLSY/PLSR/DSZR/DVIT/ZRN
M8344	M8354	M8364	反转极限	PLSV/DRVI/DRVA
M8345	M8355	M8365	近点信号 DOG 逻辑反转	DSZR
M8346	M8356	M8366	零点信号逻辑反转	DSZR
M8347	M8357	M8367	中断信号逻辑反转	DVIT
M8348	M8358	M8368	定位指令驱动中	PLSY/PLSR/DSZR/DVIT/ZRN
M8349	M8359	M8369	脉冲停止指令	PLSV/DRVI/DRVA
M8360	M8361	M8362	用户中断输入指令	DVIT
M8364	M8365	M8366	清零信号软元件指定有效	DSZR/ZRN

表 B-2　特殊数据寄存器

软元件编号			名称	出厂值	适用指令
Y000	Y001	Y002			
	D8336		中断输入指定	—	DVIT
D8341 D8340	D8351 D8350	D8361 D8360	当前值寄存器	0	DSZR/DVIT/ZRN PLSV/DRVI/DRVA
D8342	D8352	D8362	基底速度（Hz）	0	
D8344 D8343	D8354 D8353	D8364 D8363	最高速度（Hz）	100000	
D8345	D8355	D8365	爬行速度（Hz）	1000	DSZR
D8347 D8346	D8357 D8356	D8367 D8366	原点回归速度（Hz）	50000	

（续）

软元件编号			名称	出厂值	适用指令
Y000	Y001	Y002			
D8348	D8358	D8368	加速时间（ms）	100	DSZR/DVIT/ZRN
D8349	D8359	D8369	减速时间（ms）	100	PLSV/DRVI/DRVA
D8464	D8465	D8466	清零信号软元件指定	—	DSZR/ZRN

参 考 文 献

[1] 李金城 . 三菱 FX$_{2N}$ PLC 功能指令应用详解 [M]. 北京：电子工业出版社，2011.

[2] 李金城，付明忠 . 三菱 FX 系列 PLC 定位控制应用技术 [M]. 北京：电子工业出版社，2014.

[3] 许连阁，石敬波，马宏骞 . 三菱 FX$_{3U}$ PLC 应用实例教程 [M]. 北京：电子工业出版社，2018.

[4] 李方园 . 变频器与伺服应用 [M]. 北京：机械工业出版社，2020.

[5] 张还 . 三菱 FX 系列 PLC 控制系统设计与应用实例 [M]. 北京：中国电力出版社，2011.

[6] 汤自春 . PLC 应用技术（三菱机型）[M].3 版 . 北京：高等教育出版社，2015.

[7] 汤晓华，蒋正炎 . 电气控制系统安装与调试项目教程 [M]. 北京：高等教育出版社，2016.